FOOD WASTE DISPOSER

음식물쓰레기와 디스포저

김갑수 · 유기영 공저

光文閣
www.kwangmoonkag.co.kr

머리말

우리나라에는 다른 나라에서는 찾아보기 어려운 쓰레기 분리품목이 있다. 바로 음식물쓰레기이다. 음식물쓰레기는 우리 생활의 근거지인 가정과 음식물을 만들어 판매하는 음식업소, 공동체의 끼니 공급원인 집단급식소 등에서 주로 발생한다. 음식물쓰레기는 음식물을 만드는 과정에서 식재료가 남거나 먹고 남은 것들이며 옥내에서 보관하다가 일정량이 차면 건물 밖에 내어 놓는다. 배출된 음식물쓰레기는 공공기관이나 처리업자들이 수거하여 사료나 퇴비 등을 만드는 곳에 공급한다.

1990년대까지만 하여도 우리나라의 음식물쓰레기는 다른 나라들처럼 여타 쓰레기들과 섞여 처리되었다. 그 배출과 처리과정이 지금과 같은 형태로 바뀐 것은 음식물쓰레기 직매립금지 후 분리배출이 의무화된 2005년부터이며, 매립지나 매립지로 이어지는 이송도로에서 악취를 유발하여 주변 주거지역의 생활환경을 악화시키고 매립작업을 방해한 것이 발단이 되었다.

그러나 옥내에 보관하면서, 집밖으로 배출하면서, 또 수거하면서 악취를 발산하고 불결한 환경을 조성하여 음식물쓰레기 분리배출은 주부들이 가장 싫어하는 가사노동 중 하나로 취급받고 있다. 음식물쓰레기의 배출을 서로 미루다가 부부싸움이 일어났다는 씁쓸한 보도도 있었다. 그래서인지 근래에 옥내에서 음식물쓰레기를 처리하는 가정용 감량기들이 많이 홍보되고 사용도 늘어나는 추세이다. 이들은 주로 건조, 분쇄 또는 미생물 분해 등의 감량원리 중 하나를 채택하거나 조합하고 있으며 대당 20만 원~100만 원 사이에서 유통되고 있다.

머리말

음식물쓰레기의 분리처리가 우리나라만의 독특한 모습이라면 가정용 감량기 역시 유독 우리사회에서 성행하는 또 다른 형태의 가전제품 중 하나라 할 수 있다. 반면에 북미, 일부 유럽 국가, 일본에서는 음식물쓰레기를 편리하게 배출하고자 디스포저(또는 Garbage grinder)가 광범위하게 사용되고 있다. 국내에서도 1980년대 및 1990년대 전반기에 가전제품의 하나로 보급되다가 디스포저 분쇄물이 하천의 수질을 악화시키고 하수처리시설의 기능을 방해한다는 여론에 밀려 1995년부터 유통과 사용이 금지되었다.

그렇지만 생물화학적 산소요구량(BOD)을 10mg/L 이하로 유지할 수 있을 정도로 하수처리시설은 날로 발전하고 있고, 불량한 하수관거도 꾸준히 정비되고 있다. 주부들은 음식물쓰레기가 초래하는 불편으로부터 탈출하고자 스스로 감량기를 구매하여 사용하고 있다.

이러한 국내 여건의 변화는 미국 등 선진국에서 사용되는 디스포저를 다시 바라보게 한다. 이 책은 디스포저의 원리를 소개하고 있다. 자원화와 공존하는 방법을 다루고 있다. 사용 과정에서 발생할 수 있는 환경적 사회적 문제를 해결하는 방법도 제시하고 있다. 옥내에서 음식물쓰레기를 처리하는 데에 관심을 가진 일반인 또는 전문가, 시민에게 편리한 생활여건을 조성해주고자 고민하는 공무원들에게 이 책은 또 다른 방법과 시야를 개척하는 기회가 되기를 기대해본다.

2010년 1월

저자

CONTENTS

CONTENTS

CONTENTS

CONTENTS

제1장
디스포저의 개발과 사용 실태

1. 디스포저의 개발과 사용 실태

1.1 디스포저의 개발

1927년에 미국인 John W. Hammes가 지하 작업실에서 처음으로 음식물쓰레기 처리기기인 디스포저를 개발했다. 그의 부인이 버려야 할 음식물쓰레기를 신문지에 싸는 것을 보고 보다 편리한 음식물쓰레기 배출방법을 생각한 것이 동기가 되었다. John은 처음부터 싱크대 앞에 서서 음식물쓰레기를 작은 입자로 분쇄하여 배수구로 흘려보낼 수 있는 장치를 구상하였다.

지하실에서 어설픈 디스포저를 구상한 후에 그는 인근 공작소에서 한 시간에 25센트를 지불하는 계약을 체결하고서 그럴듯한 모형을 제삭하였다. 1955년 8월 7일자 Racine Sunday Bulletin의 기사에 따르면 공작소 주인은 공작기계를 다룰지 아는지 물었고 지체 없이 그렇다고 대답했다고 한다. 그렇지만 공작소 주인이 그의 곁을 떠나자마자 John은 여러 가지 지레들과 다이얼들을 만지기 시작했고 몇 분 내에 선반의 사용법을 알아냈다.

초기 제품을 만든 후 시험과 개발을 반복하면서 11년의 시간이 경과했다. 시간이 지나면서 그는 다음 모델들을 만들고 자신의 부엌 싱크대에서 성능을 시험했다. 그 당시에 그가 살던 집은 집 뒤에 오물 웅덩이가 있었는데 분쇄된 음식물쓰레기의 크기를 확인하고자 긴 부츠를 신고서 진창을 걸어 다녔다고 한다. 1935년 8월 27일에 John은 Garbage Disposal Device라는 명칭으로 U.S. Patent No. 2,012,686을 획득하고서, 1938년에 그의 회사인 In-Sink-Erator사가 디스포저를 시장에 출시하였다(www.insinkrator.com).

1.2 디스포저의 구조

디스포저는 주방에서 발생하는 음식물쓰레기를 분쇄해서 그 분쇄물을 오수관거로 배출하는 장치이다.

디스포저는 음식물쓰레기를 담고 분쇄하는 파쇄실, 음식물쓰레기의 파쇄에 필요한 동력과 장치를 구비한 회전판(Turn-table), 그리고 분쇄된 음식물쓰레기를 외부로 배출하는 배출실로 구성된다[그림 1-1]. 회전판에는 고정 칼날과 회전식 해머가 부착되어 회전판이 회전하면 원심력이 음식물쓰레기를 외곽의 고정 칼날 쪽으로 밀어주고, 해머가 음식물쓰레기를 파쇄한다. 여러 가지 형식의 디스포저가 있으나 일부 구조만 다를 뿐 본체의 기본 구조는 대체로 동일하다.

원통형 본체 내에 음식물쓰레기 파쇄실이 있고 파쇄실 바닥면에 원형의 전동기에 의해 회전하는 회전판(Turn-table)이 있으며, 그 하부에 분쇄물의 배출실 등으로 구성된다[그림 1-1].

음식물쓰레기 중 채소 등은 주로 고정 칼날에 의해 절단·파쇄되고, 패각류나 뼈 등의 단단한 성분은 회전 해머에 의해 파쇄된다. 파쇄된 음식물쓰레기는 고정 칼날 사이의 구멍이나 회전판에 뚫린 세공을 통해 하부의 배출실로 이동하고 이곳을 지나 배수 트랩으로 배출된다. 해조류, 오징어와 같이 질긴 음식물쓰레기는 파쇄되지 않은 채 잔류되면서 그대로 배출되는 경우가 있다. 옥수수나 죽순 등 외피에 섬유질이 많은 음식물쓰레기도 절단되지 않은 채 잔류되면서 섬유 상태 그대로 배출되기 쉽고 다량 투입하는 경우에는 트랩이나 배관이 막힐 우려가 있다. 금속류나 고무류 등은 파쇄되지 않을 뿐 아니라 고장의 원인이 되므로 유입되어서는 아니 된다.

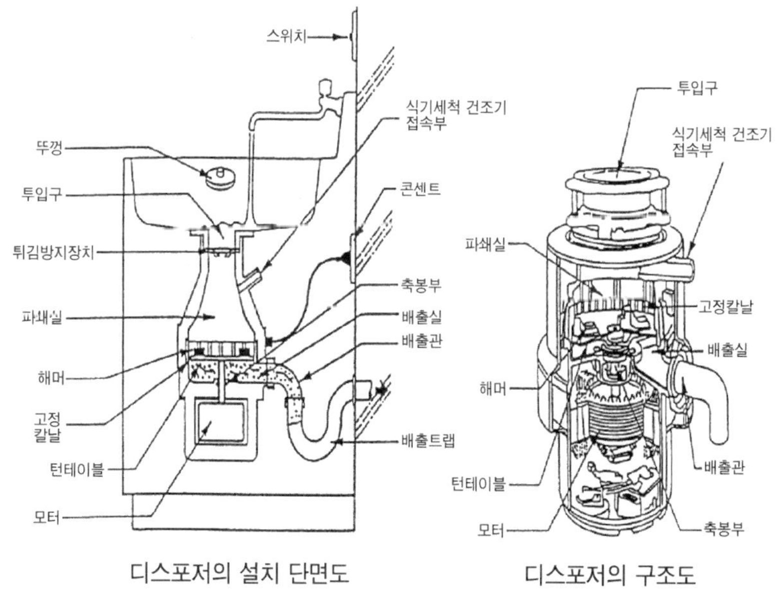

【그림 1-1】 디스포저의 설치 단면도 및 구조도

1.3 디스포저의 종류

디스포저의 종류는 크게 분쇄 방식과 운전 방식으로 구분한다.

분쇄 방식에 의해서는 해머밀 방식(Hammer Mill)과 체인밀 방식(Chain Mill)으로 나눌 수 있다. 해머밀 방식은 디스포저의 내부에 설치된 요철장의 고정 칼날과 회전판에 장착된 2개의 해머에 의해서 음식물쓰레기를 파쇄하는 방식이다[그림 1-2]. 전원을 넣으면 회전판과 2개의 해머가 고속 회전을 시작한다. 이때의 원심력에 의해 음식물쓰레기는 고정 칼날에 강하게 부딪혀 큰 입자로 분쇄된다. 회전하는 해머와 고정 칼날에 의해 큰 입자가 다시 미세하게 분쇄된다. 분쇄된 음식물쓰레기는 회전판과 고정 칼날 사이에 만들어진 구멍을 통해 물과 함께 배출된다.

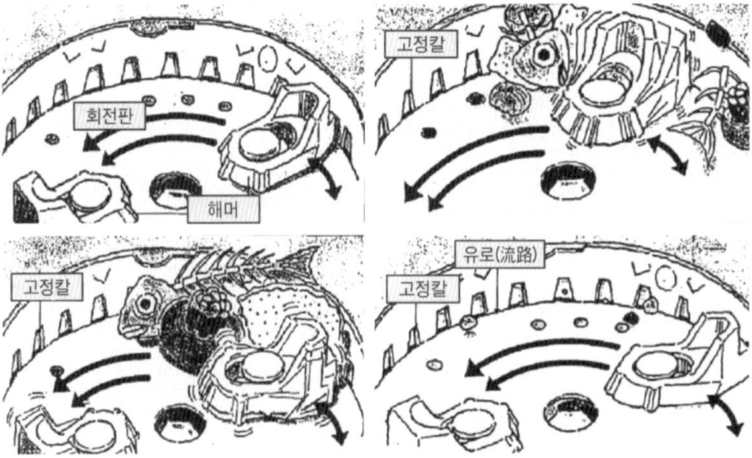

【그림 1-2】 헤머밀 방식 디스포저의 분쇄 원리

체인밀 방식의 디스포저는 회전축에 장착된 2개의 체인(좌우 대칭이고 끝에는 회전 칼날 부착)과 파쇄실 내벽에 설치된 고정 칼날 및 고정판에 의해 음식물쓰레기를 분쇄한다[그림 1-3]. 그 과정은 다음과 같다. 먼저 전원을 넣으면 체인과 회전 칼날이 고속 회전을 시작하고, 체인의 원심력에 의해 음식물쓰레기는 고정 칼날에 부딪혀 부서지고 회전 칼날에 의해 파쇄된다. 파쇄된 음식물쓰레기는 고정판과 회전 칼날의 마찰에 의해서 더욱 잘게 분쇄된다. 분쇄된 음식물쓰레기는 바닥판의 구멍을 통하여 물과 함께 배출된다.

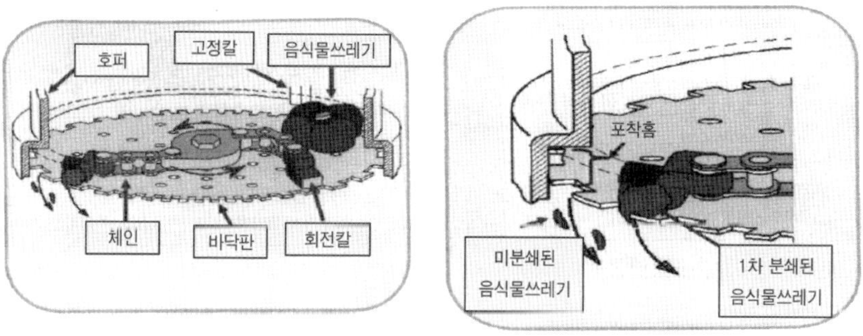

【그림 1-3】 체인밀 방식 디스포저의 분쇄 원리

운전 방식에 따라 디스포저는 연속식과 회분식으로 구분된다.

연속식 디스포저는 음식물쓰레기의 투입, 물의 주입, 디스포저의 작동이 동시에 이루어지며, 주로 미국에서 가정용으로 많이 사용된다. 이 방식은 음식물쓰레기를 순차적으로 투입하므로 전동기의 부하가 적을 뿐 아니라 다량의 음식물쓰레기를 처리할 수 있다. 또한 운전이 쉽고, 취급이 편하며, 비교적 저렴하다는 장점이 있다. 반면에 뚜껑을 닫지 않고 작동하기 때문에 회전하는 칼날과 해머에 의해 사용자가 부상을 입을 수 있다. 구동 스위치가 별도로 설치되기 때문에 오작동의 가능성도 있다.

회분식 디스포저는 음식물쓰레기를 분쇄실로 투입하고 투입구의 뚜껑을 닫은 상태에서 물을 흘려보내며 분쇄하는 형태이다. 무엇보다 뚜껑이 전원 스위치의 역할을 하며 투입구를 닫은 상태로 작동하기 때문에 안전하고 소음도 연속식에 비해 적다는 것이 장점이다. 그렇지만 조작이 번거롭고 비싸다는 등의 이유로 디스포저 사용이 일반화된 미국에서는 거의 사용하지 않거나 회분식 디스포저를 애당초 생산하지 않는 제조회사도 있다. 이에 반해 일본의 주택은 일반적으로 개수대가 하나이고 싱크대에 음식물쓰레기를 일정 시간 보관하는 습관이 있어서 디스포저의 파쇄실을 음식물쓰레기의 보관용기로 인식하는 경향이 있다. 이러한 특징 때문에 연속식 디스포저보다 파쇄실의 용적이 더 크고 더 많이 보급되고 있다.

1.4 디스포저의 보급

1) 미국

John W. Hammes는 디스포저를 처음 개발한 후 11년 만인 1938년에 In-Sink-Erator라는 회사를 설립하고 디스포저를 시장에 출시하였다. 그러나 초기에 보급은 매우 더뎠다. 당시 미국은 대부분의 자원을 국가기간산업에 우선적으로 투입하고 있었고, 이어진 2차 세계대전의 발발은 거의 모든 산업이 군수물자의 생산과 연계되어 디스포저를 만들기도 홍보하기도 어려웠다. 또한, 1930년대와 1940년대에 미국의 많은 도시들은 음식물쓰레기를 하수도에 흘려보내서는 안 된다는 하수도 규정을 가지고 있었다. In-Sink-Erator사는 상당한 노력을 기울여서 많은 도시들이 금지 규정을 철회하도록 하는 데에 성공하였다. 어떤 도시들은 사용금지가 아니라 오히려 디스포저 사용을 의무화하기에 이르렀다. 오랜 기간 뉴욕시는 하수도 시스템에 위해를 준다는 인식하에 디스포저를 불법으로 간주하였다. 물론 합류식 하수관거지역에 해당되는 규정이며, 분류식 하수관거지역에 대해서는 1971년부터 디스포저의 사용을 허용하였다. 1990년대에 들어 뉴욕시는 21개월간의 연구를 거쳐 뉴욕시 행정조례 24-518.1절을 수정한 지방자치법 1997/071에 입각하여 1997년 9월 11일에 합류식 하수관거지역에서의 디스포저 사용금지 규정을 철회하였다. 2008년에는 North Carolina주의 Raleigh(롤리)시가 디스포저의 교체 및 신규 설치를 반대하고 같은 하수도 시스템을 이용하는 인근 도시들에게도 같은 조치를 원했으나, 한 달 후에 그 금지 규정 역시 취소되었다(www.wral.com).

디스포저는 1970년대 및 1980년대 경제발전 시기에 미국 가정의 주방에서 인기 품목으로 자리 잡았다. 2007년에 47%에 이르는 미국 가정이 디스포저를 사용하고 있다고 한다(Guardian, 2006. 8).

2) 일본

일본에서는 1955년 미국으로부터 디스포저 수입품이 외국인이 거주하는 공동주택이나 미국 생활의 경험이 있는 내국인 주택 등에서 사용되기 시작하였다. 1959년에는 일본에서 생산된 제품이 판매되기 시작했고 대형 가전제조회사가 순차적으로 생산에 참여하여 1966년부터 1985년까지 누계 판매대수는 약 30만 대에 이르렀다. 그렇지만 디스포저 사용 방법 등의 홍보가 충분하지 않았고, 하수관거나 하수처리시설에 대한 영향 등을 확인하지 않은 채로 사용함으로써 문제가 발생하여 디스포저의 사용을 금지하거나 자제를 요구하는 지역이 늘어났다. 각종 언론 매체 또한 디스포저에 대한 비판기사를 게재하게 되면서 1988~1989년에 걸쳐 각 제조회사가 생산과 판매를 중지하게 되었다.

그러나 1990년대 중반부터 일본 하수도의 여건에 맞는 디스포저 시스템과 하수도에 미치는 영향 연구가 다시 시작되었다. 1994~1996년에 일본 건설성의 종합기술개발 프로젝트로 '디스포저에 의한 음식물쓰레기 재활용 시스템 개발'이라는 연구가 있었다. 연구의 목적은 환경에 부정적 영향을 주지 않으면서 디스포저를 이용하여 음식물쓰레기를 처리하기 위한 것으로, 하수도 정비 지역 또는 하수도 미정비 지역에서 디스포저 사용 지역 하수의 오염 부하가 디스포저를 사용하지 않는 경우의 오염 부하를 초과하지 않도록 하는 데에 있었다. 3년간 공동주택을 대상으로 하수관거 및 하수처리시설 등에 대한 영향을 확인하였으며, 초고층건물에 100m 실험탑을 설치하여 옥내배관에서 분쇄된 음식물쓰레기가 이동하는 모습을 관찰하였다. 결론적으로 일본의 시스템은 부엌 오수를 별도로 처리하는 수질정화시설을 갖추도록 하는 것이 특징이며, 이를 디스포저 오수처리 시스템이라 부르고 있다.

이 사업의 결과로 [그림 1-4]와 같이 1996년에 54호의 공동주택에 디스포저 오수처리 시스템이 도입되었다. 1998년에 디스포저 오수처리 시스템이 건축기준법 제38조의 규정에 따라 배관설비로 인정된 것을 계기로 이 시스템을 사용하는 공동주택이 급격하게 늘어난 2006년 51,428호, 2007년 65,803호 등 2007년까지 전국적으로 303,412호에 디스포저 오수처리 시스템이 설치되었다(서울특별시, 2009).

한편, 단독주택에도 디스포저 오수처리 시스템이 설치되었는데, 2005년도 314호, 2006년도는 404호였다.

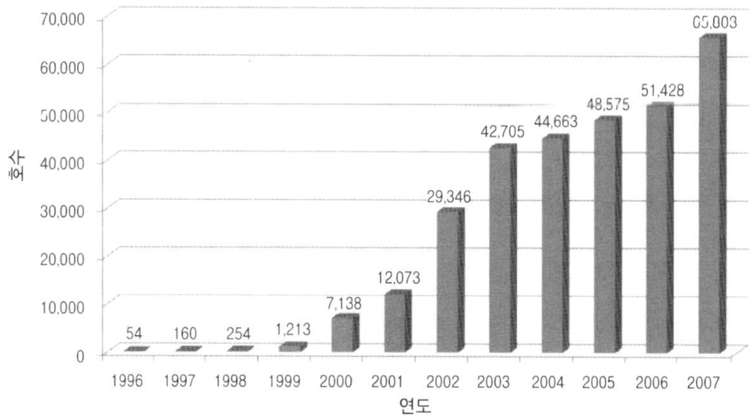

【그림 1-4】 일본 공동주택 디스포저 오수처리 시스템 도입 가구 수

3) 우리나라

1980년대 후반에서 1990년대 초반까지 우리나라에도 디스포저를 사용하는 곳이 있었다. 1985년에 일부 가전제품 생산업자들이 공업진흥청으로부터 디스포저 또는 주방 오물 디스포저라는 명칭으로 전기용품의 형식 승인을 받아 디스포저의 제조와 판매를 시작하였으며 일반 가정, 대형음식점, 호텔 등에 설치되었다. 디스포저는 주방에서 발생한 음식물쓰레기의 신속한 처리를 보장하고, 보관 과정에서 발생하는 악취의 원천적인 발생을 방지하고, 쥐나 파리, 바퀴벌레 등과 같은 각종 해충의 번식을 방지하고, 식기 세척과 음식물쓰레기를 동시에 처리할 수 있는 큰 장점이 있었다. 또한, 음식물 조리 시간과 설거지 시간이 단축되고, 별도의 쓰레기 용기를 두지 않아도 되고, 쓰레기의 수거에 수반되는 인력과 비용이 절감되고, 쓰레기 발생량을 줄이고, 청소차의 부식을 억제하고, 매립지 수명을 연장하는 등의 긍정적인 면도 부각되었다. 일부 자료에 따르면 1992년 말에 전국적으로 약 2만 4천 대가 공급되었다고 한다. [표 1-1]은 당시 국내에 보급되었던 디스포저의 종류를 보여주고 있다.

【표 1-1】 국내에 보급되었던 디스포저의 종류

명칭 (제조 · 판매원)	처리능력 (kg/h)	회전수 (rpm)	물 사용량 (L/min)	분쇄 방식	처리방식	비고
대성 디스포저 [대성산업(주)]	200~750	1,740	5~18	고정식 Cutter	물과 함께 배출	Westing House사(美)
마운틴 디스포저 (대성환경(주))	300~1,200	1,750	15~20	-	물과 함께 배출, 분쇄 · 탈수	자체개발 제품
DASO (뉴대갑엔지니어링)	90~150	26	-	-	압축 · 탈수	-
	100~120	26	-	-	압축 · 탈수	-
Badger (금성산전)	-	-	4~6	-	분쇄	미국 ISE사
Super Clean (국제기기)	300	100.6	-	-	폐수정화 장치	-
	1,000	100.6	-	-	폐수정화 장치	-

출처 : 한국환경과학연구협의회, 주방 오물분쇄기(디스포저)가 수질오염에 미치는 영향에 관한 연구, 1994

그러나 정부와 학계에서는 디스포저의 보급을 크게 우려했다. 디스포저의 사용으로 하수의 오염부하(BOD, SS, T-N 및 T-P 등)가 증가하며, 하수관망이 정비되지 않은 지역에서 사용하면 하수가 직접 지하수와 지표수를 오염시킨다고 지적하였다. 또한, 분쇄된 음식물쓰레기의 퇴적으로 하수 흐름을 방해하며, 유기물의 부패로 인해 악취가 발생하며, 하수처리시설의 관리에 문제를 야기하는 것도 문제점으로 다루어졌다. 1994년까지 디스포저의 사용 여부는 어떤 법률에서도 다루지 않았기 때문에 정부는 사용 자제를 권고하는 수준에서 보급을 관망할 수밖에 없었다. 그해 10월에 한국환경과학연구협의회는 "디스포저 사용은 하수처리시설에 부하량을 증가시키고 하수관거가 미비하거나 처리시설을 갖추지 못한 경우 수질오염을 가중시키는 원인이 될 뿐 아니라, 음식물쓰레기가 하수관거 내에 퇴적하여 부식 등 부차적인 문제를 야기할 수 있다."라는 연구결과를 발표하였다. 이 연구결과를 토대로 정부는 1995년 6월에 "오수분뇨 및 축산폐수처리에 관한 법률 제17조 및 동법시행령 2"의 규정에 근거하여 수질을 악화시키는 주방용오물 디스포저의 유통 및 사용을 금지하는 고시(환경부 고시 제1995-69호)를 발표하였다. 공식적으로 이때부터 우리나라에서는 디스포저가 사라지게 되었다.

2003년 5월 국회환경포럼, 환경부, 환경 관련 학회 등의 전문가들이 모여 <음식물쓰레기 주방 디스포저 사용, 이제는 거론해 보자>라는 제목으로 심포지엄을 개최하는 등 디스포저 사용 허용에 관한 논의가 다시 고개를 들었다. 2007년에는 서울특별시 환경국에서 <시민들이 편리하고 위생적인 음식물쓰레기 배출수거시스템 개선을 위한 워크숍>을 개최한 바 있다. 그 내용은 디스포저의 사용을 허용하자는 것이었다. 이러한 분위기는 음식물쓰레기를 별도로 분리하고 처리하면서 시민들이 크게 불편을 느끼고 있고 음식물쓰레기 자원화가 그다지 유익하지 않다는 점들이 추진력이 되었다.

아직까지도 우리나라에서 디스포저의 사용은 불법 행위에 해당된다.

그러나 2008년 9월에 주방용 오물 디스포저 유통·사용 고시의 일부를 개정해 지방자치단체나 공공기관이 연구 목적으로 정부의 승인을 받아 사용할 수 있는 등 극히 제한적인 경우에만 허용되고 있다.

4) 기타 국가

법률에 입각하여 디스포저의 사용을 금지하는 국가는 인도, 싱가포르, 칠레 등이고, 사용 자제를 권장하는 국가는 네덜란드, 프랑스, 스위스, 스칸디나비아 제국 등이다. 프랑스는 사용을 인정하는 방향으로 움직이고 있다고 한다. 사용을 규제하고 있는 네덜란드도 지역적으로 사용을 인정하는 곳이 있고 이탈리아도 최근 미국으로부터 수입이 증가하는 추세이다. 스웨덴은 환경청이나 주정부는 디스포저의 사용에 반대하는 입장이지만 종합하수 설비규격에서 종합하수 설비위원회의 허가를 얻은 경우는 설치가 가능하다고 한다. 영국은 지방정부에 디스포저의 허용 여부를 위임하고 있고, 현재 6%의 가정이 디스포저를 사용한다고 한다. [표 1-2]는 그러한 상황을 비교하고 있으며, 국가별 상세 상황은 다음과 같다(서울특별시, 2009).

독일의 경우 전반적으로 디스포저의 사용이 금지되어 있다. 독일의 16개 지자체가 하수도 시스템의 기능을 해치는 물질의 투입을 금지하고 있는데 바로 음식물쓰레기가 여기에 해당된다. 39개의 지자체도 명확하게 디스포저의 사용을 금지하고 있지는 않지만, 파쇄된 것이라도 하수도 시스템의 기능을 해칠 수 있는 물질의 투입은 금하고 있다. 11개의 지자체는 하수 법령에 의하여 명확하게 디스포저의 사용을 금지하고 있다.

네덜란드도 디스포저의 사용을 금지하고 있다. 그러나 델프트대학이 ISE사(주방용 오물 디스포저 메이커)의 위탁을 받아 네덜란드 정부의 디스포저에 대한 규제 조치가 과학적으로 타당한 것인가에 대해서 조사한 결과, 규제는 무의미하다고 결론지은 바 있다.

스웨덴에서는 역사적으로 하수도시설이나 공공수역에 대한 영향을 우려하여 디스포저의 사용을 규제하였다. 그러나 최근에 스웨덴 지자체 대부분이 하수처리시설의 정화 능력에 여유가 있고 일부 지자체에서는 바이오가스의 증산에 대해 관심이 높아 디스포저 도입에 관심을 가지고 있다고 한다. 1998년에 스라함마시(市)는 분류식 하수도가 설치된 지역의 주택 40%에 디스포저를 설치하고 하수도시설에 미치는 영향을 조사하였다. 마르메시(市)는 2001년부터 합류식 하수도인 재개발지역에 디스포저 오수 전용관을 설치하여 수집·침전 처리하고 슬러지를 메탄 발효시키는 연구를 실시하였다. 그러나 이 연구는 지금까지 특별한 결론을 내리지 못하고 있다. 디스포저는 긍정적인 의미에서는 공공하수처리시설의 운전에 영향을 주지 않았다. 둘째로 음식물쓰레기가 여러 공정에 어떠한 영향을 주는지 의문이 남는다. 셋째로 확실한 결론을 도출하고 보다 많은 정보를 얻기 위해서는 더 장기간의 조사 기간과 하수관거계통과 하수처리시설 처리단계 등의 특정 공정에 한정된 실험적 프로그램이 필요하다. 그런 점에서 이번 프로젝트는 폭넓은 접근에 의한 예비조사로 보면서 특별한 결론보다는 문제제기 수준에 그치고 있다.

캐나다의 토론토에서는 조례에 의하여 분류식 지역 내의 주택에 디스포저의 설치를 인정하고 있으며 합류식 하수관거 지역과 업무용 건물에서는 디스포저의 사용을 금지하고 있다.

【표 1-2】 주요 국가의 니스포저 사용 실태

국명	디스포저 사용[1]			수입실적	
	사용 허가	사용 묵인	사용 규제	GDCC 조사	조사[2]
영국	○			○	◎
이탈리아		○		○	◎
오스트리아			○	○	
네덜란드			○		◎
그리스					
스위스			○	○	
스웨덴			○		○
스페인		○		○	○
덴마크		○			○
독일			◎	○	○
노르웨이			○	○	○
핀란드			○		
프랑스			○	○	○
벨기에			○	○	
포르투갈					
캐나다	○	○	○	○	○
오스트레일리아	○			○	◎
뉴질랜드					◎

주 : ○ 수입 실적 있음, ◎ 특히 많이 수입
GDCC는 Garbage Disposal and Composting Committee로서 '디스포저에 의한 음식물쓰레기 처리시스템 연구회'를 한시적 운영

출처 : 1) 財)日本建築センター, ディスポーザーによる生ごみの處理, 1999
2) 國土綜合研究所, ディスポーザー導入時影響判定の考慮事項, 2005. 7

제2장

디스포저와 일상생활

2. 디스포저와 일상생활

2.1 음식물쓰레기의 발생 및 처리

1) 전국

2007년 전국에서 발생한 생활폐기물의 양은 1일 50,346톤이고 이 중 29%인 14,452톤이 음식물쓰레기이다. 2001년 이후 생활폐기물의 양은 조금씩 감소하는 경향이지만 음식물쓰레기는 반대로 증가하는 경향을 보이고 있다[그림 2-1]. 1인당 발생량은 하루에 0.29kg이다 (국립환경과학원 · 한국환경자원공사, 2008).

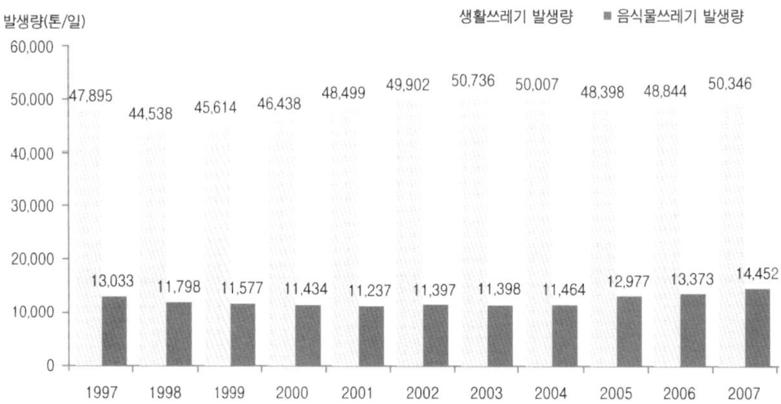

【그림 2-1】 생활쓰레기 및 음식물쓰레기 발생량 추이

【표 2-1】 음식물쓰레기 재활용 방법별 변화 추이

(단위 : 톤/일)

구분	1997	1998	1999	2000	2001
재활용량	1,275	2,566	3,928	5,161	6,378
사료화	761 (59.7%)	1,875 (73.1%)	2,400 (61.1%)	3,169 (61.4%)	3,524 (55.3%)
퇴비화	514 (40.3%)	691 (26.9%)	1,475 (37.1%)	1,884 (36.5%)	2,598 (40.7%)
하수병합	-	-	71 (7.0%)	108 (2.1%)	256 (4.0%)

구분	2002	2003	2004	2005	2006
재활용량	7,130	7,718	9,316	12,104	12,603
사료화	3,526 (49.5%)	3,832 (49.6%)	4,434 (47.6%)	5,110 (42.2%)	5,703 (45.2%)
퇴비화	3,259 (45.7%)	3,391 (43.9%)	3,955 (42.4%)	5,759 (47.6%)	5,660 (44.9%)
하수병합	345 (4.8%)	495 (6.4%)	927 (10.0%)	1,235 (10.2%)	1,240 (9.8%)

음식물쓰레기 재활용 방법별 변화 추이는 [표 2-1]과 같다. 사료화는 1997년 59.7%에서 2006년 45.2%로 15% 정도 낮아졌으며, 퇴비화는 1997년에 40.3%에서 2006년에 44.9%로 조금 증가하였다. 하수병합처리는 1999년부터 시작되어 그 당시 7%에서 2006년에는 9.8%로 약 3% 증가하였다. 하수병합처리는 사료화, 퇴비화 등의 재활용 시설이 어려운 지역에서 궁여지책으로 음식물쓰레기를 탱크로리에 실어 하수처리장으로 운반하여 처리하는 공법이다. 음식물쓰레기는 고농도의 오염부하량을 나타내고 있어, 그대로 호기성 생물반응조에 투입시키는 경우 과부하로 인한 팽화(Bulking) 현상, 처리 효율 저하 등

문제점이 발생하여 궁극적으로는 하수처리 자체가 어려워지는 경우가 있다. 전국적으로 2006년도에 1,240톤/일을 하수처리장의 혐기성 소화조 등에서 병합처리하고 있다. 서울시 9개 자치구의 음식물쓰레기 사료화 및 퇴비화시설에서 발생하는 침출수(폐수)의 BOD 평균농도는 171,053mg/L 정도로서 오염부하량이 매우 높다.

2) 서울시

서울시의 음식물쓰레기는 2005년 1월 직매립 금지 조치 이후 분리수거량이 급격히 증가하여 2004년 2,650톤/일에서 2005년 3,188톤/일, 2007년 3,350톤/일, 2008년 3,416톤/일로 매년 증가 추세에 있다. 서울의 2008년 1인당 발생량은 전국 평균보다 낮은 하루 0.21kg이다.

2008년에는 2007년 발생량보다 주택(약 4%), 대규모 점포 및 농수산시장(약 13%) 등의 발생량은 증가하고, 음식점의 발생량은 감소(약 7%)하는 경향을 보였다[그림 2-2]. 음식점에서의 발생량 감소는 그해 금융위기로 인한 경기침체로 외식 자제 및 음식점 영업 부진 등이 원인으로 추정된다.

서울시 관내 주민등록 인구수가 꾸준한 증가 추세를 보이고 있어 음식물쓰레기 발생량 증가에 영향을 미치는 것으로 보이며, 생활수준 향상과 음식물쓰레기 분리수거 정착 등 생활양식의 변화는 음식물쓰레기 발생량 증가에 영향을 주는 것 같다.

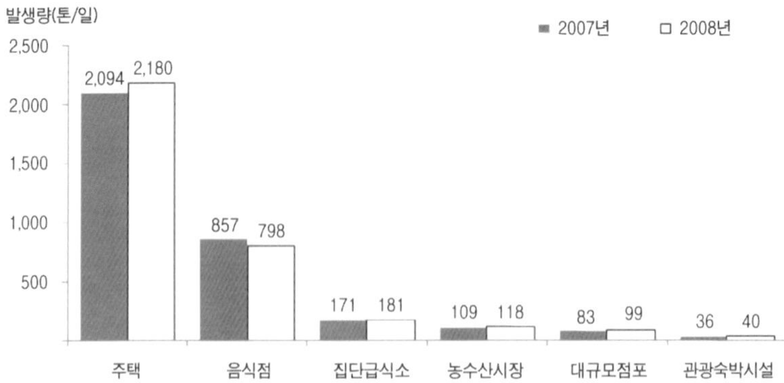

【그림 2-2】 서울시 음식물쓰레기 배출원별 발생량

2008년 기준 서울시의 음식물쓰레기 발생량은 [그림 2-3]과 같이 일평균 3,416톤이며, 이중 1,943톤/일은 사료화로 재활용하고 있다. 퇴비화는 1,448톤/일로 42.4%를 차지하고 있고, 기타 방법으로 25톤/일을 처리하고 있다.

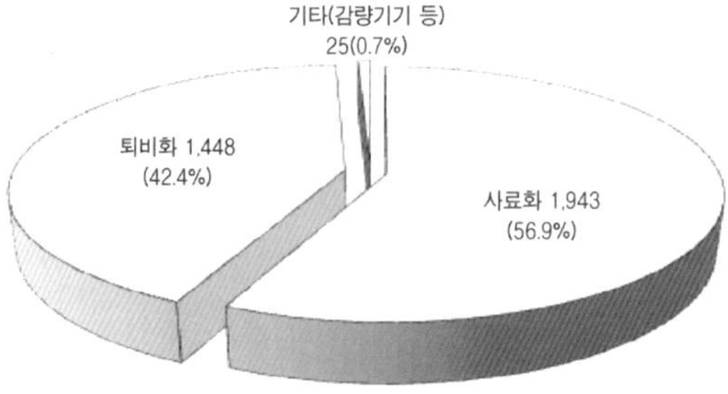

【그림 2-3】 서울시 음식물쓰레기 처리 방법

2005년부터 음식물쓰레기의 직매립이 금지됨에 따라 서울시는 [그림 2-4]와 같이 봉투 혹은 용기를 사용하여 분리 배출된 음식물쓰레기를 수거하여 운반 후 선별, 발효, 건조 등을 거쳐 사료 및 비료화하고 있다.

서울시내 3개 공공처리시설(도봉 : 사료화 150톤/일, 서대문 : 퇴비화 300톤/일, 강동 : 사료화 240톤/일)에서 일평균 690톤을 처리하며, 수도권 및 충청권에 소재하는 211개소의 민간 처리시설에서 일평균 2,696톤을 처리한다.

【그림 2-4】 서울시 음식물쓰레기 분리배출 및 처리 경로

음식물쓰레기의 분리 보관 및 수집·운반 과정에서 악취 등의 발생으로 생활환경이 나빠지고, 옥내 및 옥외에 보관할 때 해충이 발생하고 주택가에서는 수거 장소 확보가 곤란하며 주거환경을 저해하고 있다. 음식물쓰레기의 운반 과정에서는 악취 및 침출수가 유출되어 음식물쓰레기가 하절기 주택가 악취의 주범이 되고 있다.

서울시 음식물쓰레기의 80%는 서울 인근의 수도권 지역에서 처리되고 있으며, 위탁 처리업체 주변 주민의 민원으로 지자체 간 갈등이 야기되기도 한다. 가정에서 발생된 음식물쓰레기는 협잡물이 과다하기 때문에 자원화에 부적합하다는 의견도 있다. 런던 협약 이행 등 2013년부터 음식물쓰레기 또는 침출수의 해양 투기 금지가 현실화되면 음식물쓰레기의 처리는 더욱 어려워질 전망이다.

2.2 일상생활과 음식물쓰레기

서울시는 일상생활에서 쓰레기의 분리 배출로 인하여 초래하는 불편과 개선사항 등을 파악하고자 설문조사를 실시하였다. 표본은 서울지역 패널 대상자 31,636명 중에서 주민등록 인구 현황에 따라 성별, 연령별, 자치구별로 비례할당을 하고 무작위로 11,806명을 추출하여 이메일을 발송하였으며 응답자 2,424명 중에서 가정에서 쓰레기를 직접 처리하고 있는 응답자 1,052명을 선정하였다. 조사 내용은 쓰레기 처리 실태, 불편도, 노동 가치, 음식물쓰레기 처리 실태, 정책 방향, 디스포저 사용에 대한 의견, 가구 및 인구 특성 등이다. 주요 결과는 다음과 같았다.

주부들은 쓰레기의 분리 배출에 매일 약 12분을 소비하였다. 물론 여기에는 혼합쓰레기, 음식물쓰레기, 재활용품 등의 분리 보관 배출에 소비하는 모든 시간이 포함되어 있다. 81%의 가정에서 주 2회 이상 배출하고 있으며, 잦은 배출, 불결성, 냄새 등의 불편 때문에 여러 가지 생활폐기물 중에서도 음식물쓰레기의 취급이 가장 불편하고 번거롭다고 하였다[그림 2-5].

이러한 불편을 스스로 해결하고자 이미 10% 이상의 주택이 건조기 등 시장에서 유통되는 음식물쓰레기 간이 처리기를 구입하여 사용하고 있으며, 디스포저의 사용이 허용된다면 절대 다수(83%)가 디스포저를 사용하겠다고 한다[그림 2-6]. 디스포저의 사용을 금지하는 현재의 정부 규정이 폐지되어야 한다는 의견도 60%에 이른다(서울특별시, 2009).

조금 오래된 2004년의 발표 자료이지만 우리나라 전업주부들은 하루 5시간 49분을 가사노동(빨래, 아이 교육, 음식준비, 청소 등)에 소비하고 그 가치는 월 111만 원이라고 한다. 그 중에서도 자녀교육과 육아 다음으로 부담스러운 가사가 음식물쓰레기 분리배출이라고 한다(국민일보, 2005. 12. 27). 부부간에 배출 책임을 서로 미루다가 부부싸움을 한다는 신문기사를 접하기도 한다. 음식물쓰레기 간이 처리기가 신혼 혼수물품 중 하나로 자리 잡고 있다는 결혼 정보지 기사도 있다. 음식물쓰레기의 분리 배출은 가사 중에서 이미지가 좋지 못한 가사노동의 하나로 자리 잡고 있는 것이다.

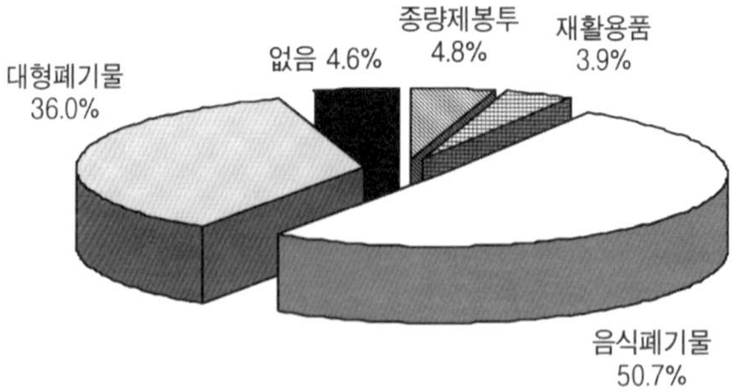

【그림 2-5】 분리 배출에 가장 큰 불편을 느끼는 폐기물

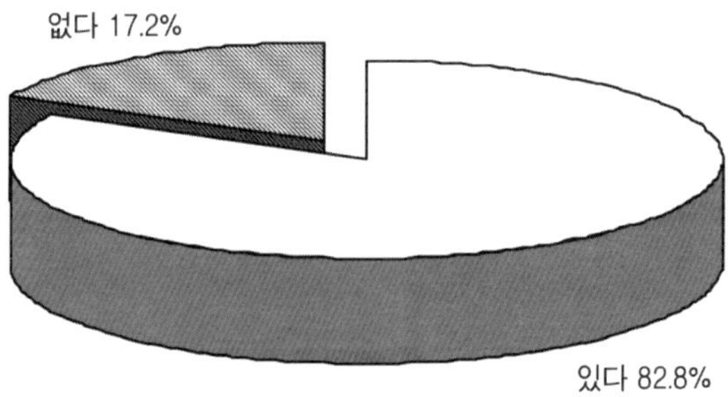

【그림 2-6】 디스포저 사용이 허용되는 경우 사용 의사

2.3 디스포저와 자원 사용

디스포저는 음식물쓰레기를 일정 크기 이하로 분쇄하여 옥내배관과 하수관거를 잘 흘러갈 수 있도록 하는 장치이다. 이를 위해 디스포저는 음식물쓰레기를 분쇄하는 데에 필요한 동력으로 전기를 사용하고 분쇄된 음식물쓰레기가 관을 따라 흘러갈 수 있도록 일정량의 물을 공급해 준다.

디스포저는 1회 운전 시 약 20초 정도 가동을 하게 되며, 미국이나 일본에서 사용되는 디스포저를 대상으로 1회 운전당 소비전력을 측정한 결과, 평균 30Watt(20~47Watt) 월 평균 2.7kW가 소비될 것으로 추정되고 있다. 냉장고의 월 소비전력이 40~60kW라는 점을 감안하면 5~10% 수준에 해당된다. 한편, 근래에 시판되는 음식물쓰레기 건조기 등은 그 형식에 따라 월 12~75kW의 전기를 소비한다고 한다. 디스포저를 사용하게 되면 전기라는 에너지가 추가적으로 소요된다. 그렇지만 운전 시간이 짧아 냉장고나 건조기 같은 음식물쓰레기 간이 처리기보다는 전력을 적게 소비한다고 한다. 만약 일본의 디스포저 오수처리 시스템과 같이 주방오수 처리시설을 갖춘다면 그 시설의 운전과 관련된 전기 또한 추가로 소요될 것이다. [그림 2-7]의 전력사용량은 디스포저를 사용할 때 분쇄 오수를 하수관거에 직투입하는 경우의 값이다.

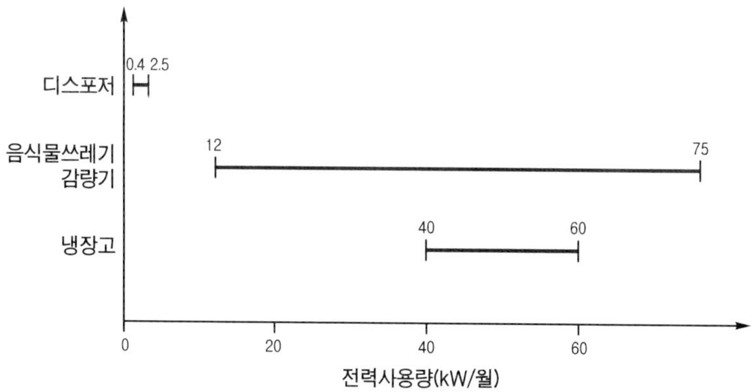

【그림 2-7】 디스포저의 전력사용량

디스포저의 기종에 따라 차이는 있으나 대체로 디스포저를 이용하여 음식물쓰레기를 분쇄할 때 300g당 물 8L를 고르게 투입하라고 권장하고 있다[(社)日本下水道協會, 2004]. 이는 분쇄된 음식물쓰레기가 옥내 배관에서 잘 흘러가도록 하기 위함이다. 디스포저는 싱크대에 연결하여 설치되기 때문에 투입하는 물은 수돗물일 가능성이 높으며 결국 디스포저를 사용하게 되면 전기 이외에 수돗물이라는 또 다른 자원을 필요로 하는 것이다. 우리나라에는 가정에서의 용도별 물 사용량에 관한 자료가 거의 없다. 따라서 일본의 자료를 참고해보면 주택의 주방에서는 평상시에 1인당 하루 30L의 물을 사용하고 디스포저를 사용하면 1인당 5L가 추가되어 35L를 소비한다고 한다. 그런데 국내에서 200가구 공동주택을 대상으로 한 디스포저 사용 시범사업지역에서 주방오수량을 측정한 결과 일본의 물 사용량과 디스포저 사용에 따른 증가량이 우리와 거의 같은 것으로 나타났다. 결국 디스포저를 사용하게 되면 주방용수량을 17%, 전체 가정용수량(기존 약 200L)을 기준으로 약 3%의 물 사용량 증가를 예상할 수 있다.

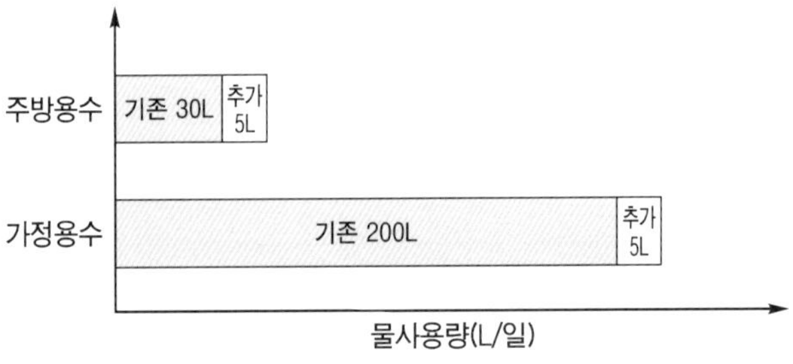

【그림 2-8】 디스포저 사용에 따른 가정용수 사용량 변화

제3장
일본에서의 사회실험 및 현장 적용 사례

3.1 우타노보리쵸(歌登町)

3.2 도쿄도(東京都)

3.3 홋카이도(北海道) 타키가와시(瀧川市)

3.4 홋카이도(北海道) 치부베츠쵸(秩父別町)

3. 일본에서의 사회실험 및 현장 적용 사례

3.1 우타노보리쵸(歌登町)

1) 사회실험의 배경

음식물쓰레기로 인한 여러 문제점을 해결하고 간편한 처리를 위해 디스포저 사용 허용이 검토되었다. 특히 오수전처리시설을 설치하지 않고 공공하수관거로 직접 분쇄된 음식물쓰레기를 배출하는 방식에 대해서는 지금까지도 하수도 관계자들 사이에서 다양한 논의가 이루어지고 있다. 그렇지만 관거 내 퇴적물의 증가에 의한 하수의 흐름 장애와 황화수소의 발생, 유입 수질의 악화, 오수전처리시설에서 발생하는 잉여슬러지 수거를 위한 Vacuum차 증차 운행 등 하수처리 시스템과 어울리지 않는 상황이 우려되어 일본의 각 지방자치단체는 디스포저 허용에 신중한 입장을 취해왔다.

그 때문에 디스포저의 도입을 전제로 한 대대적인 실험이 이루어지지 못했다. 이와 같은 상황에서 2000년부터 일본 최북단 홋카이도의 우타노보리쵸가 분쇄한 음식물쓰레기를 공공하수관거에 직투입하는 디스포저시스템에 관한 사회실험을 진행하였다.

2) 가능한 불리한 조건에서의 실험

우타노보리쵸는 일본의 최북단에 위치하고 있으며 마카나이시(稚内市)로부터 150km 남하하여 내륙부에 위치한 인구 약 2,500명의 소도시이다. 겨울철에는 3m 이상의 적설량을 기록하는 대설지대로 11월 중순부터 4월 중순까지 반년간은 눈에 묻히며 아사히카와시(旭川市)와 함께 일본에서 최저기온을 기록하는 추운 곳이다.

이 도시에서 디스포저 도입이 검토된 때는 1998년이며, 고령화가 진행됨에 따라 무거운 쓰레기를 수집 장소로 가져가는 번거로움을 해소하고, 대설이 내리는 겨울철에 쓰레기 수집 작업의 효율성을 높이는 등의 목적이 계기가 되었다.

우타노보리쵸의 하수도 보급률은 84%이고 777호가 하수도에 접속하고 있다. 하수관거는 일부 철근콘크리트관을 제외하고 대부분 염화비닐관으로 정비되어 있다.

불리한 조건에서 디스포저의 영향을 파악하기 위하여 읍 외곽의 하수처리시설로부터 가장 먼 지역에 있는 공영주택 56호를 선택하여 디스포저를 설치하였다. 1대당 가격은 6만 5천 엔으로 읍정부가 전액 부담하였다.

디스포저의 설치를 원하지 않는 가정도 있었으나 편리성이 인식되면서 순차적으로 설치 호수가 늘어나 일반 주택 70호를 더하여 정확하게 300호에 설치를 완료하였다(디스포저 보급률 40% 정도).

【그림 3-1】 우타노보리쵸에 도입된 2종류의 디스포저

3) 사용자의 반응

당초 주민들은 수도요금과 전기요금, 소음에 대해 우려를 하였다. 그렇지만 실제 사용 후에는 다음과 같은 반응을 보였다.

수돗물을 그대로 디스포저 용수로 사용하지 않고 설거지물을 분쇄용수로 이용하기 때문에 수도요금은 거의 변하지 않는다. 생각보다 소음이 적으며, 디스포저의 가동 시간이 10~20초에 불과하여 전기요금은 그게 걱정하지 않는다. 또한, 음식물쓰레기를 넣어두던 싱크대의 삼각코너가 없어지고 일반 쓰레기봉투도 이전처럼 무겁지 않기 때문에 쓰레기 배출 시에도 편리하며, 쓰레기봉투에 악취가 없어졌다.

【그림 3-2】 일반 가정에 설치된 디스포저 모습(우타노보리쵸)

4) 디스포저 오수의 오염부하량

디스포저의 사용을 허용하면 주방에서 발생하는 모든 음식물쓰레기를 디스포저로 처리할 것 같았으나 음식물쓰레기의 절반 이상이 일반쓰레기와 함께 기존의 수거 체계로 배출되었다.

우타노보리쵸는 일반쓰레기와 재활용폐기물의 수거 날짜가 다르고, 가연성폐기물과 음식물쓰레기도 분리하여 수거한다.

디스포저를 설치한 지역과 설치하지 않은 지역으로 나누어 2000년 7월부터 2004년 1월까지 가연성폐기물과 음식물쓰레기의 무게를 30차례 측정한 결과, [그림 3-3]과 같이 모든 음식물쓰레기가 디스포저로 처리되지는 않았고, 디스포저로 처리한 음식물쓰레기의 양은 1인당 99g/일로 총 음식물쓰레기의 43% 정도였다. 즉, 음식물쓰레기의 일부는 가연성폐기물과 함께 처리하고 일부는 디스포저를 이용하고 일부

가정은 퇴비화하였다.

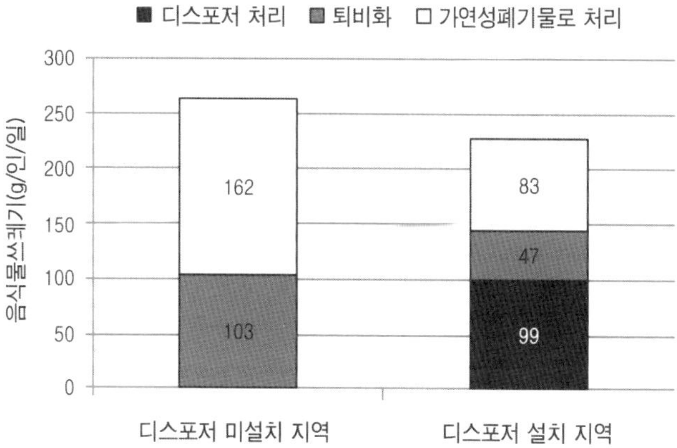

【그림 3-3】 디스포저 설치 및 미설치 지역의 음식물쓰레기 분리실태

10가구에서 수집한 음식물쓰레기 100g당 오염부하량으로부터 디스포저오수의 수질 부하를 분석한 결과, 추가적인 부하는 SS 24%, BOD 27%, n-Hex 46%인 것으로 나타났다[표 3-1].

【표 3-1】 디스포저 사용에 따른 수질오염부하 증가량

(단위 : g/인/일)

구분	SS	BOD	COD	T-N	T-P	Cl^-	n-Hex
디스포저오수의 오염부하량	8.1	11.2	5.4	0.7	0.1	0.3	1.7
디스포저 미설치 지역의 유입부하량	34	42	31	12.5	1.2	25.8	3.7
증가율(%)	24	27	17	6	9	1	46

5) 하수관거 내 퇴적물

CCTV를 이용하여 관거 내 퇴적물 변화를 관찰한 결과, 디스포저를 사용하는 지역에서도 특별한 이상이 발생하지 않았다.

디스포저 사용에 대한 가장 큰 문제점으로 하수관거 내의 침전물 증가를 우려하기 때문에 디스포저 설치 전후의 하수관거 내 침전물 변화를 조사하였다. [그림 3-4]와 같이 디스포저가 설치된 지역에서는 침전과 플러싱이 반복하여 일어나면서 관거 내에서 폐색현상이나 흐름의 방해 또는 추가적인 수요를 야기하지 않았다.

하수관거 측면의 침전물 부착은 디스포저 설치 지역, 미설치 지역 모두에서 발생하여 디스포저 사용과는 관련이 없었다[그림 3-5]. 하수관거가 막히는 현상은 없으며 황화수소 발생에 따른 주민들의 악취에 대한 민원도 없었다.

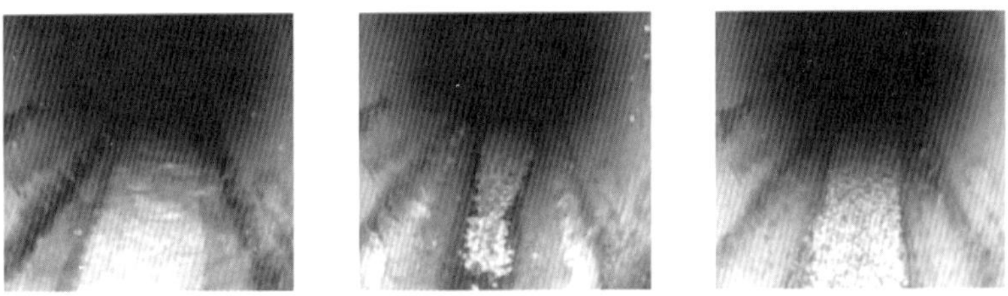

2003. 08. 06
많은 침전물 발생

2003. 08. 20
침전물 감소

2003. 08. 28
다시 쌓인 침전물

【그림 3-4】 디스포저 설치 지역의 하수관거 내 침전물 변화

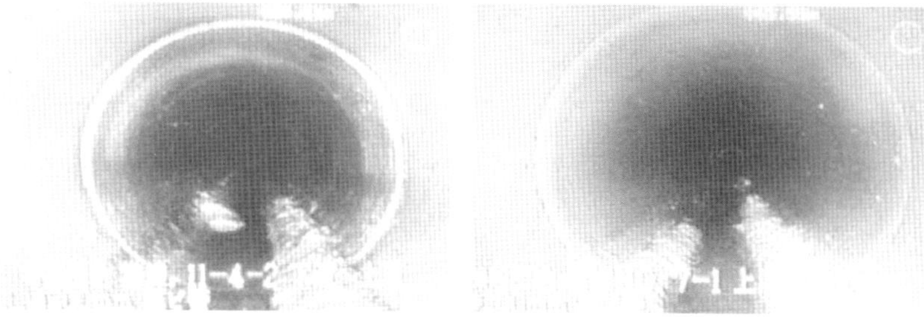

디스포저 설치 지역　　　　디스포저 미설치 지역

【그림 3-5】 디스포저 설치 지역과 미설치 지역의 하수관거 내 침전물 비교

디스포저 오수 중 대부분은 달걀껍질이었으며 하수관거 내의 CCTV 조사 결과 침전이 발생하는 구역은 관의 굴곡 부분이었다.

관거 폐색률이 가장 높은 구간은 굴곡부로 최대 깊이가 7.9cm이고, 관경(200mm)의 40%가 잠기고 40m에 걸쳐 연속적으로 굴곡을 이루고 있으며 굴곡부 용적은 약 0.1㎥로 계산되었다([그림 3-6] 참조).

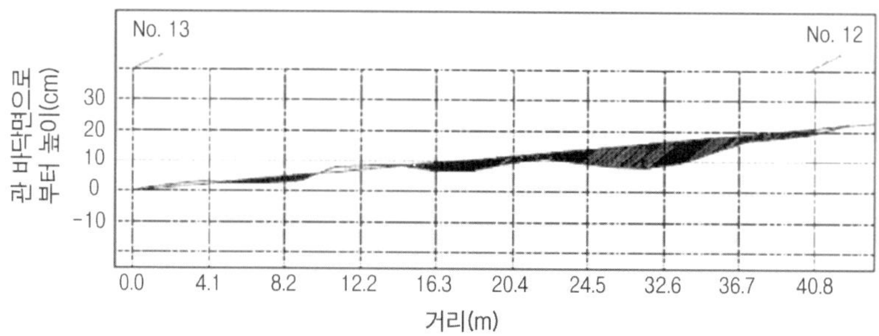

【그림 3-6】 관 굴곡부에서의 침전물

6) 하수처리시설 운영

유입 수질, 유출 수질, 슬러지 발생량 등이 모두 증가하였으나 현재 시설 능력으로 대응할 수 있는 범위 이내의 변화였다.

우타노보리쵸의 동쪽에 위치한 하수처리시설은 산화구법(OD)을 채택하고 있으며 기온이 낮은 겨울철에 대비하여 전 시설이 옥내에 건설되어 있다.

유입 하수는 처리장 내의 맨홀로 유입된 후 맨홀 내 50mm 자동스크린에서 큰 쓰레기 등을 제거하고 맨홀 펌프에서 분수조로 이송된다. 분수조에서는 [그림 3-7]과 같이 다시 5mm 간격의 스크린으로 협잡물을 제거하며 디스포저 도입 이후 스크린에 걸리는 협잡물의 양 및 종류에는 변화가 없었다.

【그림 3-7】 분수조의 5mm 폭 스크린

디스포저 사용자에 대한 설문조사 결과 대부분 오전 8시에 디스포저를 사용하는 경향이 있었다. 이에 오전 9시를 하수처리시설 유입수의 샘플링 시간으로 잡아 디스포저 오수에 의한 영향을 분석한 결과, [그림 3-8]과 같이 우타노보리쵸에 디스포저를 설치한 후 BOD와 유입 고형물(SS)이 증가하였다.

디스포저 사용자가 323명에서 639명으로 증가하는 동안 회수된 슬러지량(잉여슬러지+유출 SS+축적 MLSS)은 3% 정도 증가하였고 이 증가량은 디스포저 오수의 SS(8.1g/인/일)와 총 슬러지의 증가량과 거의 같았다([그림 3-9] 참조).

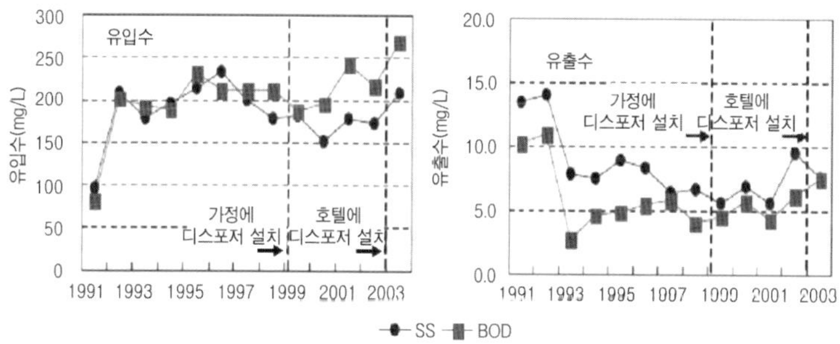

【그림 3-8】 디스포저 설치 후 하수처리장 유입수와 유출수의 변화

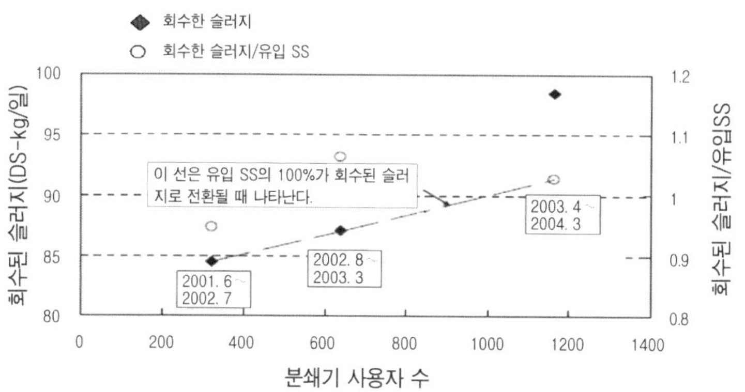

【그림 3-9】 디스포저 도입 후 회수된 슬러지의 양(잉여슬러지+유출 SS+축적 MLSS)

7) 비용 및 환경에 미치는 영향

우타노보리쵸를 대상으로 한 디스포저 사용에 대한 사회실험의 결과는 비록 제한적이나마 비용보다 편익이 더 클 수 있다는 가능성을 보였다. 디스포저의 도입은 하수처리시설의 장비와 유지비용 등을 증가시키는 부정적인 영향도 있지만 사용자의 편리함, 폐기물 수거 구역의 주변환경 개선, 음식물쓰레기 수거비용 감소 등과 같은 긍정적인 영향을 제공한다고 한다. 디스포저가 우타노보리쵸에 100% 보급되었을 때의 관리비용의 시물레이션 결과[그림 3-10], 가연성폐기물의 감소로 인한 폐기물

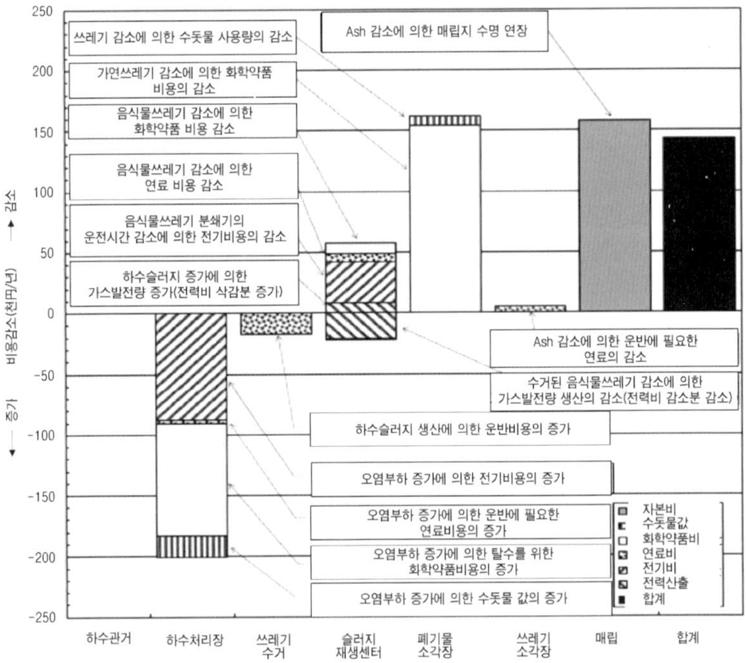

【그림 3-10】 디스포저가 100% 설치되었을 때 우타노보리쵸의 관리비용의 변화

처리 분야의 비용절감액이 하수관거와 하수처리장의 오염부하 증가로 인하여 초래되는 추가 비용보다 크고, 감소 비용의 규모가 연간 우타노보리쵸의 예산인 4,731,310,000엔(2003년)의 0.003%에 해당하였다.

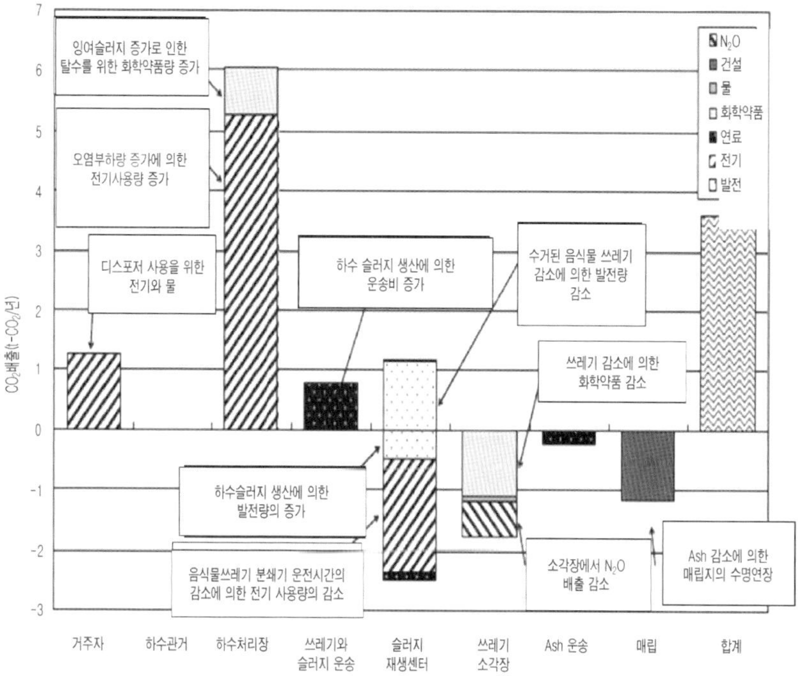

【그림 3-11】 우타노보리쵸에 디스포저가 100% 설치되었을 때 CO_2 발생량 변화

우타노보리쵸의 모든 가정에 디스포저를 설치하는 경우 에너지소비와 이에 따른 이산화탄소 발생량을 분석한 결과, 디스포저를 사용하지 않는 경우보다 1% 정도 증가하였다. 디스포저의 도입은 하수관거 내 침전물, 하수처리장의 오염부하량, 하수처리에 필요한 에너지, 슬러지

처리에 사용되는 화학약품의 사용량을 증가시키는 한편 음식물쓰레기의 감소는 가연성폐기물을 줄여 음식물쓰레기의 수집을 위한 연료, 폐기물 처리를 위한 전력을 감소시킨다. 이러한 각각의 특성을 파악하여 LCA 분석을 수행하였다[그림 3-11]. 디스포저의 설치율이 0에서 100%로 증가할 때 연간 이산화탄소 발생이 3.6톤 증가하고, 에너지 소비량은 104GJ 증가하였다. 즉, 디스포저 보급에 따른 환경부하량은 거의 변화가 없었다.

3.2 도쿄도(東京都)

1) 오사키(大崎) 시티타워(배수전처리시설)

(1) 배수전처리시설 설계제원

지하 2층, 지상 29층, 271가구의 공동주택에 디스포저를 설치하고 [그림 3-12]와 같은 공정의 배수전처리시설을 이용하여 디스포저 오수(주방 오수 포함)를 처리, 그 처리수를 하수관거로 유입시키는 시스템이다. 전처리시설의 시설 규모는 길이 20m, 폭 7m이고 건설비는 3천만 엔(가구당 11만 엔)이다. 1인당 오수량은 35L/일(주방 오수+디스포저 오수)로서 총 처리수량은 33㎥/일이며, 평균 유입 수질은 BOD 1,300mg/L, SS 1,343mg/L이며 방류 수질은 BOD 10mg/L, SS 10mg/L, n-Hex는 20mg/L 이하이다. 시설 설치 후 3년이 경과하였으나 별도로 수거하여 처리할 슬러지는 발생하지 않고 있다.

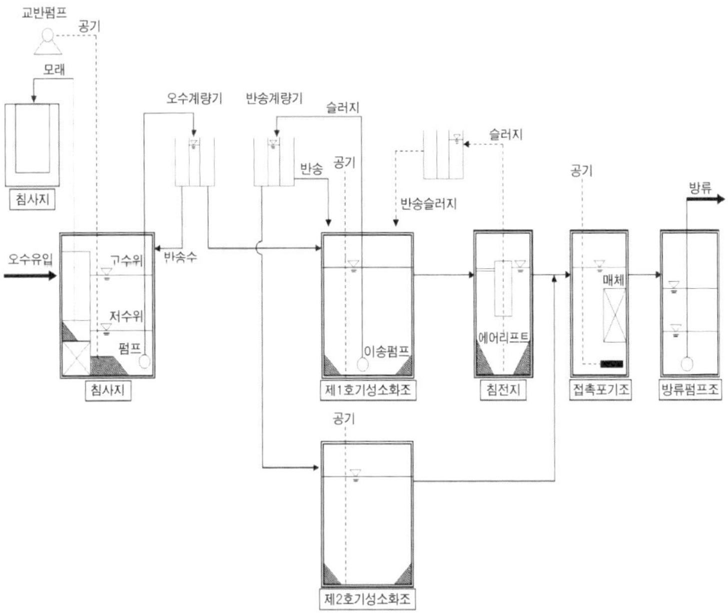

【그림 3-12】 오사키 시티타워 배수전처리시설 공정도

(2) 운영

운영자 1인이 월 1회 방문하여 시설을 점검하고 시설에 이상이 있을 때는 수위측정기와 경보기의 경보신호를 주택 관리자들이 확인하고 운영자에게 연락한다. 운영자 1인이 보통 5개 시설의 관리를 담당하고 있으며, 월 운영비는 공동주택 전체 7만 엔, 가구당 258엔(공동관리비가 가구당 1만 엔으로 약 3% 수준)이다.

유지관리를 위한 뚜껑

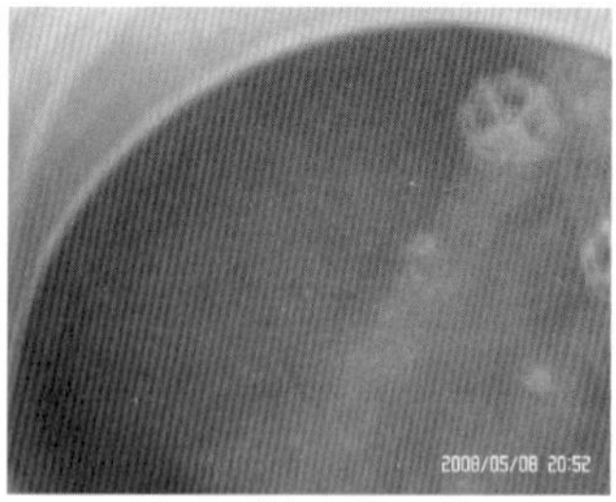

2차 호기성 소화조 내부

슬러지 유량 조절조 내부

슬러지 유량 조절조 모습

산소공급과 교반동력을 담당한 블로어

운전 통제 패널

【그림 3-13】 오사키 시티타워의 배수전처리시설 모습

2) 나이스그랜소이유 토요쵸(東陽町)의 배수전처리시설

54가구의 공동주택으로서 [그림 3-14]와 같은 배수전처리시설에 의해 디스포저 오수(주방 오수 포함)를 처리한 후 공공하수관거로 유입시키는 시스템이다. 시설 규모는 길이 7.8m, 폭 4.6m, 깊이 3m이

며, 건설비는 디스포저 가격 포함 1천만 엔이 소요되었다. 처리시설은 무산소분해조, 호기가용화조, 호기여상조로 이루어져 있으며, 스펀지형의 매체 충전율은 55%이다. 월 시설운영비는 2만 엔(가구당 370엔)이다. 잉여 슬러지 발생이 없으며 실제 방류수의 BOD 및 SS 농도는 30mg/L 이하이다. 질소 제거율은 50%이다.

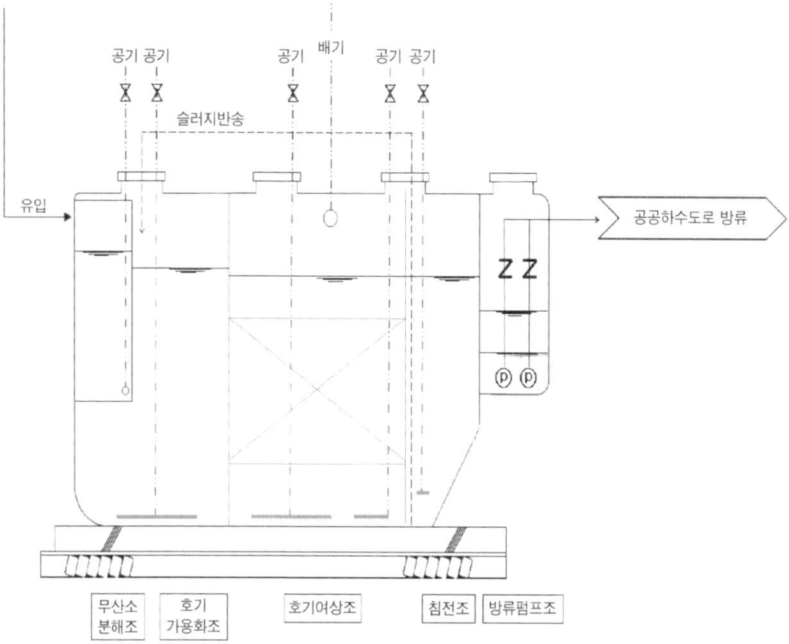

【그림 3-14】 나이스그랜소이유 토요쵸(東陽町)의 배수전처리시설 공정도

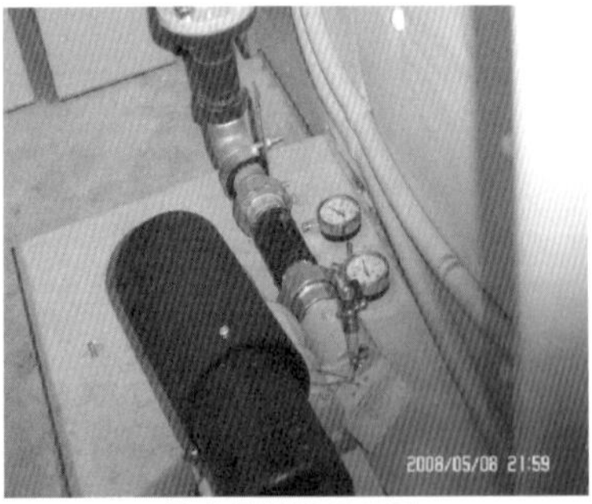

공기 공급용 블로어

점검용 맨홀 뚜껑

맨홀의 내부 모습

맨홀의 내부 모습

【그림 3-15】 나이스그랜소이유 토요쵸(東陽町)의 배수전처리시설 모습

3.3 홋카이도(北海道) 타키가와시(瀧川市)

1) 디스포저 도입 경위

타키가와시는 일본에서도 가장 큰 용량의 음식물쓰레기 혐기성소화 시설(1일 55톤)을 갖추고 있다. 생산된 메탄가스를 전기생산에 이용하고 소화 잔류물은 퇴비를 만들어 판매한다. 그러나 혐기성소화시설의 운전에 많은 비용이 소요(1톤당 건설비 6천 엔, 운영비 1만 3천

엔)되어 2006년 4월 1일부터 그 동안 사용자제를 요구했던 디스포저를 사용할 수 있도록 조례를 개정하였다. 이때부터 디스포저를 가정에서 음식물쓰레기를 배출하는 하나의 방법으로 인정하게 된 것이다.

디스포저의 사용 허용을 포함한 하수도조례의 개정은 질 나쁜 디스포저의 방문판매나 성능이 나쁜 제품으로부터 시민을 보호하는 내용도 담고 있다.

타키가와시에는 합류식 하수도 구역도 존재하기 때문에 이러한 지역에서 디스포저의 사용금지가 필요하고 조례는 이를 공고히 하고 있다. 즉, 배수전처리시설을 설치할 때는 합류식 및 업무시설에서도 디스포저의 사용이 가능한 반면에 분류식 지역에는 업무용으로 디스포저를 사용할 수 없고 주택에서만 디스포저의 사용이 가능하다. 폐기물 담당부서의 의견도 수렴하였는데, 디스포저 보급에 의해 음식물쓰레기의 수집과 처리에 소요되는 비용(특히 공공비용)의 절감이 가능하다는 답이 있었다고 한다.

2) 디스포저 보급 전망

2006년 10월까지 디스포저 60대, 배수전처리시설 설치 1개소 등 전체 61대를 설치하였다. 그러나 이 가구수는 전체 가구수의 0.32%에 불과하고 유역하수도를 기준으로 할 때도 전체 보급수는 107대에 불과하다.

2008년도의 신청건수도 2008년 6월 중순까지 1건에 불과하여 앞으로 보급이 급속하게 확대되리라고는 보지 않고 있다. 그 원인은 이 지역에 디스포저를 보급했던 회사가 도산했고 디스포저 가격이 높기 때문이다.

앞으로 고령화가 진행되면 특히 겨울철에 쓰레기 배출에 따른 수고가 줄고 까마귀가 쓰레기 봉투를 풀어헤치지 않아 환경면에서도 좋고 하수도시설을 새롭게 건설하지 않고도 가능(디스포저 보급률 30% 예상)하기 때문에 음식물쓰레기의 처리 방법으로서 매우 유효하다고 판단하고 있다. 특히 현재 운영 중인 음식물쓰레기 혐기성소화시설의 가동률이 50%에 불과하는 등 폐쇄하고 싶지만 시설의 가동기간이 겨우 5년에 불과하여 시의회의 비난이 우려되기 때문에 그러한 상황을 고려하면서 디스포저 사용의 점진적 확대를 고려 중이라고 한다.

3) 디스포저를 사용하는 가정주부의 평가

타키가와시에 디스포저가 설치되어 있는 단독주택을 필자들이 직접 방문하여 소음 문제 등을 조사한 결과, 1회 작동 시간은 15초이고 소음문제는 없으며 2년간 고장 사례도 없는 것으로 파악되었다. 충분한 물공급으로 옥내배관 폐쇄는 없으며 전기 및 상수도요금도 부담스럽지 않다고 한다.

디스포저를 설치한 단독주택

싱크대에 설치된 디스포저

작동 모습 재현을 위해 준비한 음식물

디스포저에 담긴 음식물

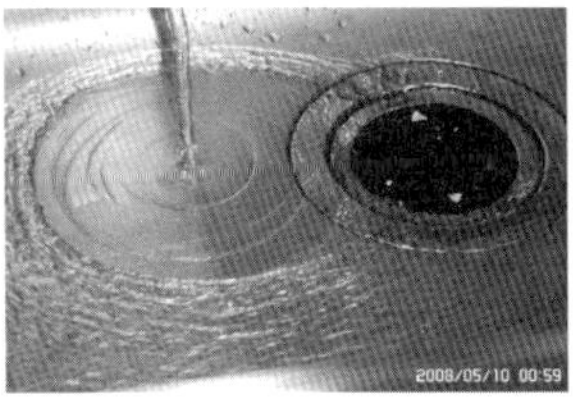

작동 중 물을 공급하는 모습(뚜껑이 스위치)

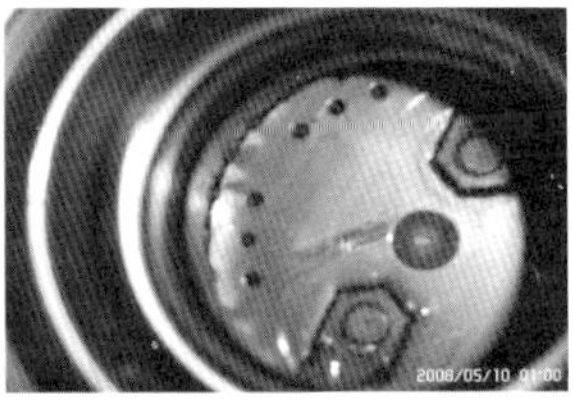

분쇄 후의 디스포저 내부 모습

【그림 3-16】 단독주택에서 사용 중인 디스포저(타키가와시)

3.4 홋카이도(北海道) 치부베츠쵸(秩父別町)

1) 디스포저 도입 경위

치부베츠쵸는 인구 2,880명, 면적 47㎢의 농촌마을로서 농업집락배수사업의 일환으로 1988년 4월부터 하수도 정비를 시작하였으며 1998년에 음식물쓰레기와 하수 슬러지를 공동으로 처리하여 퇴비를 생산하는 시설의 건설을 추진하였다. 그러나 악취를 우려하는 주민들의 반대로 추진하지 못했다.

2002년 12월에 하수 슬러지만으로 퇴비를 생산하는 시설이 가동 개시되었으며, 2002년에 (사)일본농업집락배수협회(현, 지역자원순환기술센터)가 디스포저연구회를 발족하였고 치부베츠쵸도 그 연구회에 참여하였다.

디스포저를 통해 음식물쓰레기를 하수도에 직투입하면 악취가 줄고 쓰레기 수거작업이 줄고 가정위생환경이 개선되는 장점이 있는 반면에 하수도에 부정적인 영향을 줄 수 있기 때문에 다른 지자체의 상황을 예의 주시하였다. 교토의 후쿠치야마시(福知山市)에서 디스포저연구회의 시범사업이 이루어지는 상황을 2004년 2월에 시찰하여 '디스포저 사용에 따른 하수처리 및 슬러지처리에의 영향은 없다'라는 사실을 확인하고 2004년 8월에 직투입형 디스포저의 도입을 결정하였다[표 3-2].

【표 3-2】 치부베츠쵸의 디스포저 설치 실적

일 시	내 용
2004년 3월 26일	설치 개시
2004년도 말	216대 204호
	처리구역 내 호수 868호 중 공공시설 등을 제외한 호수 789호, 도입률 25.9%
2005년도 말	225대 213호
	처리구역 내 호수 872호 중 공공시설 등을 제외한 호수 811호, 도입률 26.3%
2006년도 말	241대 229호
	처리구역 내 호수 855호 중 공공시설 등을 제외한 호수 799호, 도입률 28.7%
2007년도 말	241대 229호
	처리구역 내 호수 834호 중 공공시설 등을 제외한 호수 765호, 도입률 29.9%

2) 하수처리 및 슬러지처리에 대한 영향 평가

치부베츠쵸 정화센터의 계획처리수량은 608㎥/일이다. 2007년 처리량은 416㎥/일로서 처리공법은 산화구법이며, 컴포스트시설은 계획처리량 0.5톤/일, 처리량 0.52톤/일이다. 디스포저 설치 후 1999년도부터 전체 관거(13.7㎞)의 1/8을 매년 카메라로 조사하고 필요한 지점에 세정을 하고 있으나 특별히 문제가 되는 곳은 없었다.

하수처리시설에서의 협잡물(미세목스크린 2mm에 걸리는 쓰레기) 양이 4배(10㎏/일)로 많아졌지만 이 협잡물을 이용하여 컴포스트시설에서 퇴비를 생산한다.

디스포저 도입 후 하수처리시설 방류수의 BOD, SS 농도가 조금 높아졌으나 방류수 수질기준을 충분히 만족하고 있다.

한편, 각 가정에 디스포저를 설치할 때 옥내배관에 관한 사항을 설명하였지만 디스포저에 맞지 않는 섬유질의 양이 많고 분쇄 시 분쇄 용수의 양이 충분하지 않아 초기에 옥내배관의 막힘 현상이 몇 군데 주택에서 나타났다.

부엌에 설치된 디스포저

비교적 적은 직경의 투입구(8cm)

하수처리시설 유입부 스크린

하수처리시설 물 회전동력 전달 기구

하수 슬러지 퇴비화 시설

하수 슬러지를 이용해 생산된 퇴비

【그림 3-17】 치부베츠쵸의 디스포저와 관련 시설

제4장

디스포저와 옥내배관

4. 디스포저와 옥내배관

4.1 디스포저 분쇄물의 입자 크기

일반적으로 음식물쓰레기를 디스포저를 이용하여 분쇄하면 그 분쇄물의 크기가 눈에 보이지 않거나 겨우 보일 정도로 매우 미세한 크기로 생각하기 쉽다. 실제로 디스포저는 주방오수를 배수하는 배수관에 연결하여 설치되고 디스포저 분쇄물은 배수관을 따라 옥외로 배제되기 때문에 옥내배관, 더 나아가 공공 하수관거에서도 잘 흘러갈 수 있는 크기로 분쇄하는 것이 매우 중요하다. 일본에서 디스포저에 투입하지 않아야 할 음식물쓰레기의 종류를 사용자에게 제공하는 것은 그 근본적인 이유가 옥내배관의 막힘을 방지하고 디스포저가 손상되는 것을 막기 위함이다([그림 4-1] 및 [표 4-1] 참조).

그러나 일본 국도교통성의 연구자료(2006)는 디스포저 분쇄물의 입자가 의외로 크다는 사실을 보여준다. 수질오염의 주요 인자 중 하나인 부유고형물(Suspended Solid : SS)의 최대 입자크기가 2mm인데, 부유고형물에 해당하는 2mm 이하 분쇄물의 양은 중량을 기준으로 29%에 불과하고 나머지 71%는 2mm를 초과한다. 4.8mm 이상의 입자도 무려 51%에 이르고 있다.

이러한 현상은 디스포저를 이용하여 우리나라 음식물쓰레기를 분쇄할 때도 유사하게 나타났다. 서울특별시는 2008년에 일본으로부터 제조자가 다른 4종류의 디스포저와 국내에서 생산된 디스포저와 유사한 기능을 갖춘 음식물쓰레기 처리장치 등 5가지의 디스포저를 가지고 대표적 성상의 음식물쓰레기를 분쇄한 바 있다. 그 결과, 2mm 이상의 입자 크기를 가진 분쇄물의 양이 중량으로 35~60%를 차지하였다(서울특별시, 2009).

【표 4-1】 디스포저에 적합하지 않는 음식물 및 현상

<table>
<tr><th>종류</th><th>투입물</th><th>현상</th></tr>
<tr><td rowspan="3">음식물
쓰레기</td><td>강한 섬유질의 것, 조개껍질 등
죽순 껍질, 옥수수 껍질 · 심지, 밤 껍질, 다량의 완두콩 껍질, 생화, 바나나의 꼭지, 파인애플 심과 껍질, 가막조개 등의 패각 등</td><td>디스포저의 손상
배수배관 막힘</td></tr>
<tr><td colspan="2">달걀 껍질은 공동주택 내 바닥배관 및 공용 부분의 횡주관, 배수받이 등에 퇴적하기 쉽기 때문에 투입하지 않는 것이 바람직함.</td></tr>
<tr><td>딱딱한 음식물쓰레기, 부드러운 음식물쓰레기
소뼈, 돼지뼈, 중대형 물고기의 머리나 뼈, 다량의 생쌀, 조리 전의 단단한 떡, 게 껍질, 복숭아 · 감 등의 씨, 생고기의 껍질 등</td><td>분쇄되지 않고 디스포저 내부 체류</td></tr>
<tr><td rowspan="2">음식물
쓰레기 이외</td><td>식품 이외의 것
금속, 플라스틱, 도기류, 돌, 모래, 유리, 종이, 목재류, 랩, 비닐, 고무류 등</td><td>디스포저의 칼날 손상 등 고장의 원인</td></tr>
<tr><td>약품류, 세제, 조미료, 고온의 것
살충제, 제초제, 산 · 알칼리성 세제, 식용유, 튀김유, 부엌용 세제, 주류, 다량의 생크림이나 마요네즈, 뜨거운 물, 담배꽁초 등</td><td>디스포저나 배수배관 손상
처리조의 처리성능에 영향</td></tr>
</table>

출처 : ディスポーザ-生ごみ處理システム協會(2005)

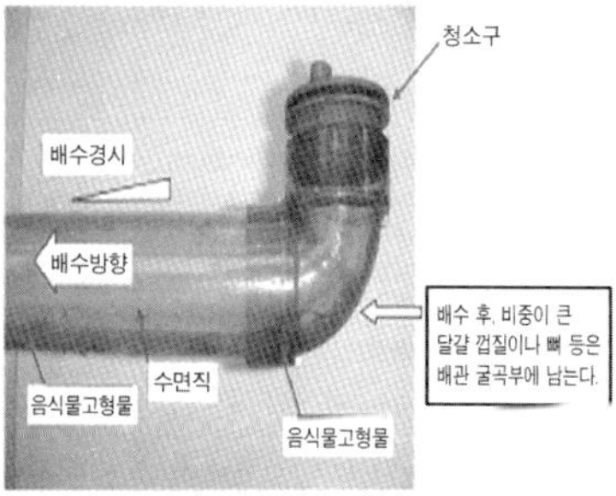

(1) 횡관에 쌓인 분쇄물

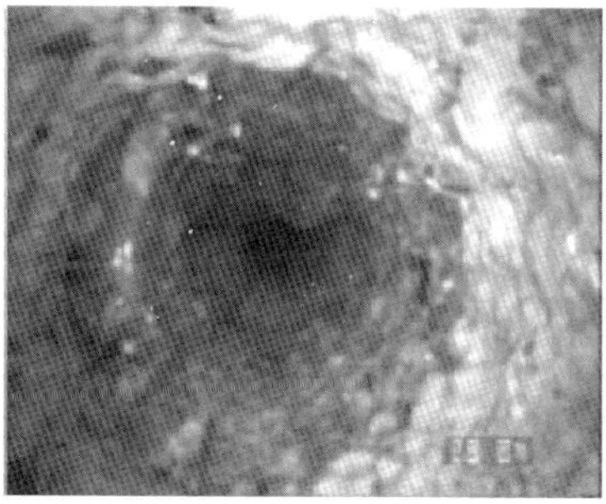

(2) 입관에 형성된 슬라임

【그림 4-1】 옥내배관에서 발생하는 문제의 예

일본과 서울의 분석자료 비교는 두 가지 중요한 사실을 암시한다. 먼저 서울의 음식물쓰레기가 일본의 음식물쓰레기보다 디스포저에 의해 더 잘 처리될 가능성이 있다는 점이다. [표 4-2]에서 알 수 있는 것처럼 서울의 음식물쓰레기를 처리한 어떤 디스포저도 2mm 이하의 크기에 해당하는 입자량이 일본의 결과보다 많다. 이는 우리나라와 일본의 음식물쓰레기의 성분 차이, 즉 곡류, 어육류, 채소류 등의 함량에 차이가 있기 때문일 것이다. 디스포저의 분쇄 원리와 구조도 음식물쓰레기 분쇄물의 입자 크기에 큰 영향을 미칠 가능성이 높다. [그림 4-2]는 서울시 음식물쓰레기를 디스포저로 처리할 때 발생한 5가지 디스포저 분쇄 오수의 입도분포를 누적으로 보여주고 있다. 이미 설명하였듯이 입자 크기 2mm 이상인 분쇄된 음식물쓰레기의 양이 35~60%로 큰 차이를 보이고 있다. 실험에 사용한 음식물쓰레기와 디스포저 작동 조건이 동일하였던 점을 감안할 때 이러한 차이는 디스포저의 분쇄 원리나 구조에 영향을 받았을 가능성이 높다. 일반적으로 해머밀 방식보다는 체인밀 방식이 음식물쓰레기를 더 잘게 분쇄한다고 알려져 있으며, 미국의 일부 디스포저는 분쇄실 하단에 또 다른 마찰판을 수평으로 설치하여 1차 분쇄된 음식물쓰레기를 추가로 분쇄한다고 한다. 그렇지만 작은 입자를 만들기 위해서는 더 오랜 시간 분쇄를 해 주어야 하기 때문에 그에 상응하도록 분쇄용 용수(일반적으로 수돗물)와 전동기를 가동하는 데에 에너지를 필요로 한다. 결국 디스포저의 분쇄 입자 크기는 디스포저라는 기계장치에만 한정하여 결정할 것이 아니고 옥내배관의 성능, 하수관거의 성능 등도 연계하여 판단하여야 한다.

【표 4-2】 디스포저 분쇄 오수의 고형물 입도 분포

(단위 : %)

입도 (mm)	디스포저1 (n=15)	디스포저2 (n=15)	디스포저3 (n=15)	디스포저4 (n=15)	디스포저5 (n=15)	입도 (mm)	일본 (2006년)
4.75~	44.4	49.4	26.2	39.3	31.2	4.75~	50.9
2~4.75	11.3	10.5	9.3	7.0	7.1	2~4.75	20.7
1~2	15.9	10.7	32.4	18.9	35.3	1~2	7.3
0.6~1.0	12.0	12.1	19.3	12.9	11.8	0.5~1	13.2
0.25~0.6	16.3	17.2	12.8	21.8	14.4	0.25~0.5	4.1
						0.106~0.25	3.8
계	100	100	100	100	100	총계	100

주 : 디스포저5는 국내에서 생산된 유사 제품

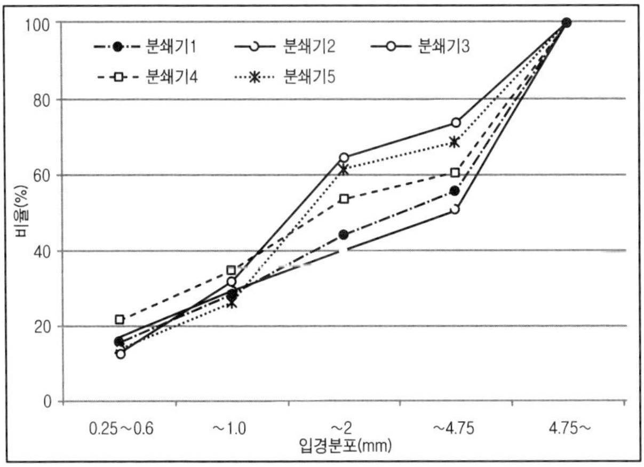

【그림 4-2】 서울 음식물쓰레기의 디스포저 분쇄 오수 고형물 누적입도 분포

4.2 옥내배관의 구조와 기준

디스포저로 분쇄된 음식물쓰레기가 공공하수관거로 이동하기 위해서는 반드시 건물 또는 주택의 옥내배관을 거쳐야 한다. 위생설비, 냉난방설비, 환기설비, 공기조화, 방재설비 등을 통틀어 건축설비라고 하며, 오수용 옥내배관은 위생설비에 해당된다(http://blog.naver.com/jby1003/230 2606).

주택에서 오수가 발생하는 곳은 주방, 세탁실, 욕실, 변기 등이며, 주방 오수를 예로 들면 [그림 4-4]의 우단처럼 주방오수는 개수대에 연결된 기구배수관, 횡지관, 배수직관(또는 입관), 횡주관, 배수맨홀을 차례로 거쳐서 공공하수관거로 유입된다. 이외에도 배수관에는 악취의 역류를 막는 트랩([그림 4-4]의 좌단), 막힌 곳의 이물질을 제거하는 청소구, 오수의 원활한 흐름을 보장하는 배기관 등이 설치된다.

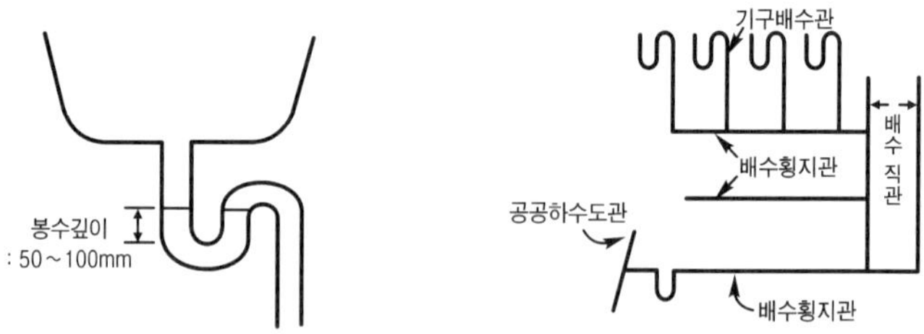

(출처 : http://blog.naver.com/moonjinhee/40051776945)

【그림 4-4】 옥내배관의 예

관경, 재질, 관의 경사 등 옥내배관의 설치와 관련된 사항은 국토해양부에서 제정한 「건축기계설비 표준시방서」에서 정하고 있으며, 공동주택을 공급하는 대형 건설사들은 독자적인 시방 기준을 마련해서 아파트의 건설에 이용한다고 한다. 어느 경우든 옥내배관은 오수가 꽉 차서 흐르기보다는 [그림 4-5]와 같이 관경의 1/2~3/4 또는 단면적 50~70% 정도로 흐르도록 설계한다고 한다. 문제는 이러한 기준들이 디스포저를 사용하는 것을 전혀 고려하지 않았다는 점이다.

(출처 : http://blog.naver.com/moonjinhee/40051776945)

【그림 4-5】 옥내배관의 예

일정한 요건을 갖추면 디스포저를 사용할 수 있는 일본의 경우 디스

포저 음식물쓰레기 처리시스템협회(비영리법인, NPO)라고 불리는 디스포저 설치 사업자 단체에서 디스포저를 설치할 때에 적용할 옥내배관기준[NPO法人ディスポーザ生ごみ處理システム協會, ディスポーザ排水處理システム配管設計施工ガイドライン(案)]을 [그림 4-6]과 같이 제시하고 있다. 주요 내용은 트랩 설치, 횡지관의 조건(구경, 경사, 곡관부의 수와 최대 연장), 입관의 조건(배기관, 청소구의 위치), 횡주관의 조건(구경, 경사) 등으로 구성된다. 그렇지만 이러한 기준에도 불구하고 공동주택을 건설할 때 옥내배관을 설치하는 전문건설업자들이 위에서 제시한 옥내배관 기준을 준수하지 않아 디스포저를 사용하는 단계에서 배관이 막히고 건설업자와 디스포저 사업자가 서로 갈등을 빚는 일들이 종종 발생한다고 한다.

약 50%의 주택에서 디스포저를 사용하는 미국에서는 디스포저를 사용하는 경우에도 원활한 옥내 배수가 가능하도록 하나의 수조(Single bowl)가 아닌 두 개의 수조(Double bowl)를 가진 싱크대를 사용함으로써 분쇄물의 관내 퇴적을 억제하고, 퇴적이 일어나기 쉬운 주름관의 사용을 피하고, 2인치(약 50mm)의 관을 배수관으로 사용하는 경우 U트랩을 지나 배수관이 시작되는 지점으로부터 3피트(약 90㎝) 이내에 1.5인치(38㎝)의 배기관을 설치하여 자연 유하가 일어나도록 옥내배관을 설치한다고 한다. 또한, L자관은 Short turn bend가 아닌 Long sweep turn bend 또는 Medium sweep turn bend를 사용하여 곡관부에서의 분쇄물이 퇴적되지 않도록 막고 있다.

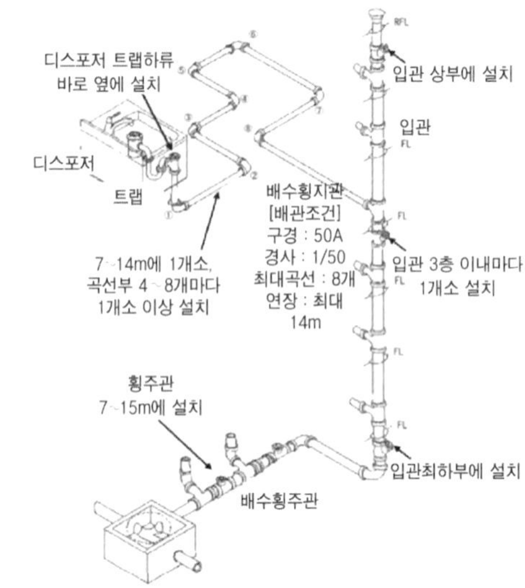

(NPO法人ディスポーザ生ごみ処理システム協會)

【그림 4-6】 디스포저를 사용하는 경우의 옥내배관 조건

그러나 디스포저의 설치를 고려하지 않은 우리나라의 옥내배관 기준과 디스포저의 설치를 고려한 일본의 옥내배관 기준을 비교해보면 배관기준을 준수하여 건설된 우리나라 주택들은 디스포저를 사용하여도 음식물쓰레기 분쇄물이 침전, 폐쇄 등의 문제가 발생하지 않을 것 같다. [표 4-3]과 같이 배수구 직경, 트랩, 횡지관 경사, 횡주관 경사, 청소구 설치 개수 등이 디스포저를 사용하는 일본의 기준보다 느슨한 것이 없다. 청소구의 개수 등은 오히려 우리나라의 기준이 더 엄격하다. 배수 맨홀에서 일본은 퇴적 방지를 강구하도록 되어 있고 반대로 우리나라는 퇴적을 유도하도록 되어 있으나 실제 현장에서 일본 방식으로 시공이 이루어지고 있다고 하니 이 역시 문제될 것이 없다.

문제는 실제로 기준을 준수하여 옥내배관을 설치하였느냐이며 특히 공동주택보다는 단독주택의 옥내배관의 부실이 우려된다.

【표 4-3】 우리나라와 일본의 옥내배관 기준 비교

구분	일본 가이드라인	국내표준시방서(국토해양부)
배수구 직경	80(현장)~180mm(표준)	80~200mm
트랩	직경 38mm 이상/봉수심 50~70mm	직경 38mm 이상/봉수심 50~100mm
횡지관 경사	1/50 이상(직경 40~50mm)	1/50 이상(직경 65mm 이하)
횡주관 경사	1/150(직경 150mm) 1/200(직경 150mm 이상)	1/150(직경 150mm) 1/200(직경 150mm 이상)
배수맨홀	교반장치 설치로 분쇄 음식물쓰레기의 퇴적 방지(배수조)	150mm 이상 토사저장 공간을 확보하여 퇴적물 주기적 제거 → 근래에는 토사저장 공간이 없는 구조로 설치
청소구	(1) 횡지관 및 횡주관은 7~15mm마다 1개소 (2) 입관이 최하부 부근과 최상부 부근, 3층 이내마다 1개소씩	(1) 횡지관 및 횡주관 기점 (2) 긴 횡관일 때 관경 100mm 이하 15mm마다, 100mm 이상 30mm마다 1개소 (3) 횡관에서 45도 이상의 각도 변경 개소 (4) 입관의 최상부 최하부 부근 (5) 횡주관과 부지배수관 인근

4.3 옥내배관에서 디스포저 분쇄물의 이동 연구 사례

디스포저를 이용하여 분쇄된 음식물쓰레기가 옥내배관에서 어떻게 이동하느냐는 디스포저를 어떻게 사용하느냐, 옥내배관의 어떤 구조로

설치되어 있느냐 등 디스포저의 사용 조건과 옥내배관 조건이 때로는 개별로 때로는 복합적으로 작용하여 결정된다. 디스포저의 사용 조건으로는 음식물쓰레기 종류(달걀껍질 등), 급수량, 음식물쓰레기 투입량과 함께 디스포저 성능 등을 들 수 있으며, 옥내배관 조건으로는 배관 길이, 배관 경사, 이음매 유형 등이 있다(山海敏弘・北口かおり・豊貞佳奈子・小島邦晴・清水康利, ディスポーザ排水の配管内搬送性に対する影響因子の解析, 2007. 5; 小島邦晴・北口かおり・清水康利・豊貞佳奈子・河村憲彦・坂上恭助, ディスポーザシステム設置集合住宅の配管プランの層別とディスポーザ排水搬送特性, 2004. 8).

이상의 조건들이 음식물쓰레기 분쇄물의 이동에 미치는 영향에 대해서 밝히고자 여러 연구자들이 다양한 연구를 수행하였다. 다음은 주요한 연구결과들이다.

1) 원활한 이동을 위한 유속

옥내배관에서 음식물쓰레기 분쇄물이 원활하게 이동할 수 있는 슬러리 또는 디스포저 오수의 유속은 1초당 0.3m 이상으로 알려지고 있다. 음식물쓰레기는 여러 식재료의 혼합물이기 때문에 유래하는 식재료의 성상에 따라 비중에서 큰 차이를 보인다. 예를 들어 채소 같은 쓰레기는 물과 비중이 거의 유사하여 옥내배관에서 디스포저 오수의 유속이 1초당 0.1m 이상이면 침전하지 않고 이동한다고 한다. 반면에 일본인들이 즐기는 음식류 중에서 그 발생량이 매우 많은 달걀껍질은 암석과

성질이 유사하여 비중이 2를 초과하기 때문에 달걀껍질이 침전하지 않고 흘러가기 위해서는 1초당 0.3m 이상의 유속이 필요하다고 한다(小島邦晴, 清水康利 他 : ディスポーザ排水中の卵殻の搬送特性と投入禁止によるユーザー便益への影響, 日本建築学会環境系論文集, No. 605, pp. 87~93, 2006. 7). 金子順也 등과(SI住宅における横枝管排水性能に関する研究(その7 ディスポーザを用いた台所流し排水性能について), 空気調和・衛生工学会学術講演会講演論文集, pp. 1121~1124, 2001. 9), 산카이 토시히로(山海敏弘) 등도 평균유속 0.3에서 0.4m/s의 영역에서 음식물쓰레기가 관내에 퇴적하지 않는 것으로 실험 장치를 통해 확인한 바 있다.

결국 적어도 1초당 0.3m 이상의 유속을 유지할 수 있도록 옥내배관을 설치해야 하고 평균유속이 이에 미치지 못한 옥내배관에서는 달걀껍질 등 침전하기 쉬운 음식물쓰레기를 디스포저를 이용하여 처리하지 않도록 하는 노력이 필요한 것이다.

2) 음식물쓰레기 투입량

디스포저에 음식물쓰레기의 투입량이 달라질 때 옥내배관에서의 지점별 유속이 측정되었다. 음식물쓰레기 투입량은 250g 및 500g이고 수돗물만 흘리는 경우도 있었다. 그 외의 조건으로 급수 유량은 디스포저 제작업체들이 권장하는 1분당 8L이고, 이 물은 수도꼭지를 손으로 조작하여 공급되었다. 배관의 길이는 약 14m, 평균경사는 1/50이다.

디스포저에서 토출된 혼합액의 유속이 배관 곡선부의 상류부에서 마찰에 의해 감소하고 수심이 깊어지는 형태로 에너지가 축적되지만 곡선부

통과 후에는 수심이 위치에너지로 변하면서 가속된다.(金子順也, 鎌田元康 他 : SI住宅における横枝管排水性能に関する研究(その7 ディスポーザを用いた台所流し排水性能について), 空気調和・衛生工学会学術講演会講演論文集, pp. 1121~1124, 2001. 9). 또한, 유속은 하류로 가면서 점차 가속되었다. 음식물쓰레기를 일괄 투입하여 처리하는 회분형 디스포저의 분쇄 음식물쓰레기 폐수에서는 디스포저 오수의 선단부에 고농도 슬러리가 형성되어 슬러리부의 고체농도에 의하여 폐수의 유속이 감소한다고 한다(小島邦晴, 高良佳充, 清水康利, 坂上恭助 : 破砕粒径とディスポーザ運転方法がディスポーザ排水の搬送性に及ぼす影響, 日本建築学会計画系論文集, 第559号, 2002. 9, pp. 51~55). 그렇지만 고농도 슬러리는 하류로 이동하면서 물과 점차 혼합, 희석되어 가속되는 현상을 확인할 수 있었다.

최대처리량인 500g을 투입하는 경우에는 곡선부에서 수심이 증가하고 만류 상태가 되어 분쇄물의 이동이 정지되었다[그림 4-8]. 이 정지 상태는 설거지를 할 때와 유사한 수돗물 사용량인 6L의 물을 3회 흘려주자 쌓인 분쇄물이 씻겨가면서 해소되었다(이를 소류라 한다). 이러한 상태를 방치하고 여행을 떠나는 경우를 가정하여 정지 상태에서 5일을 방치하였더니 건조 현상이 발생하여 고착되기 시작하였다. 다시 수돗물을 흘려주면 고착 부분이 서서히 소류되었으나 이 부분에 디스포저 오수의 슬러리 부분이 도달하는 경우 일종의 웨어(weir)를 형성하여 배관 폐색에 이르는 현상이 관찰되었다.

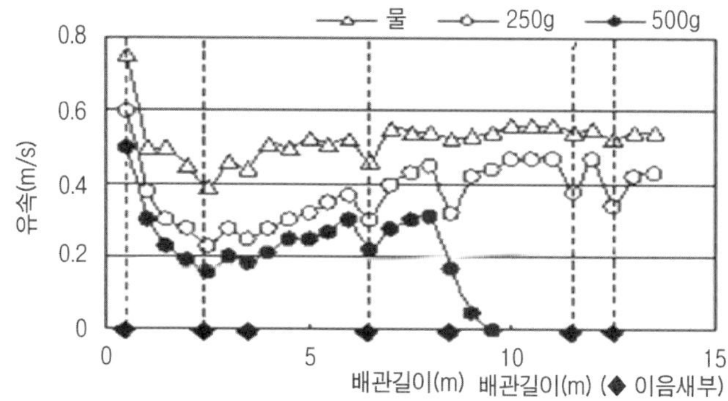

(山海敏弘, 北口かおり, 豊貞佳奈子, 小島邦晴, 清水康利, ディスポーザ排水の配管内搬送性に対する影響因子の解析, 日本建築学会環境系論文集 : vol. 615, 2007.5)

【그림 4-7】 디스포저 조작 조건과 디스포저 오수 평균유속의 관계
(배관 : 장배관 계통 모델, 디스포저 : 수동급수형
급수유량 : 8L/min, 경사 : 1/50, 이음매 : LL)

(山海敏弘, 北口かおり, 豊貞佳奈子, 小島邦晴, 清水康利, ディスポーザ排水の配管内搬送性に対する影響因子の解析, 日本建築学会環境系論文集 : vol. 615, 2007.5)

【그림 4-8】 디스포저 오수 유하 정지 사례
배관길이 : 약 14m, 음식물쓰레기량 : 500g
급수유량 : 8L/min, 경사 : 1/50, 이음매 : LL

3) 배관 경사 및 급수유량

배관 길이 14m, 음식물쓰레기 투입량 250g 및 500g의 조건에서 배관 경사와 급수유량을 변화시키며 유속을 측정하는 실험이 수행되었다. 배관 경사는 1/50, 1/75, 1/100로 하고, 급수유량은 1분당 4L, 6L, 8L, 10L로 설정하였다. 1/50 배관 경사란 수평 50m당 수직 1m의 경사가 있고, 1/100은 수평 100m당 수직 1m의 경사가 있다는 의미이므로 1/50의 경사가 가장 크다는 것을 알 수 있다. 급수유량에서 1분당 4L는 일본의 디스포저 사용자들이 일반적으로 공급하는 유량이고, 8L는 디스포저 제작업자들이 추천하는 유량이며, 10L는 1/100의 배관 경사에서 고형물의 퇴적 없이 디스포저를 사용할 수 있는 유량이라고 한다.

음식물쓰레기 투입량 250g에서는 전반적으로 급수유량이 증가할수록 옥내배관에서의 평균유속은 증가하며, 배관 경사 역시 유속에 큰 영향을 미쳤다. 배관경사 1/50에서 급수유량이 1분당 4L에서 10L로 증가할 때 평균유속이 0.23m/s에서 0.45m/s로 증가했고, 동일 유량에서 배관 경사에 따른 유속은 급수유량 1분당 8L일 때 배관 경사 1/50에서 0.31m/s, 1/75에서 0.24m/s, 1/100에서 0.1m/s로 감소하였다. 달걀껍질을 포함한 모든 음식물쓰레기 분쇄물이 안정되게 이동하는 디스포저 오수의 평균유속을 1초당 0.3m 이상이라고 보면 1/50 배관 경사에서는 1분당 6L 이상의 물이 공급되어야 하고, 1/75, 1/100 경사에서는 1분당 10L 이상의 물이 필요함을 보여준다.

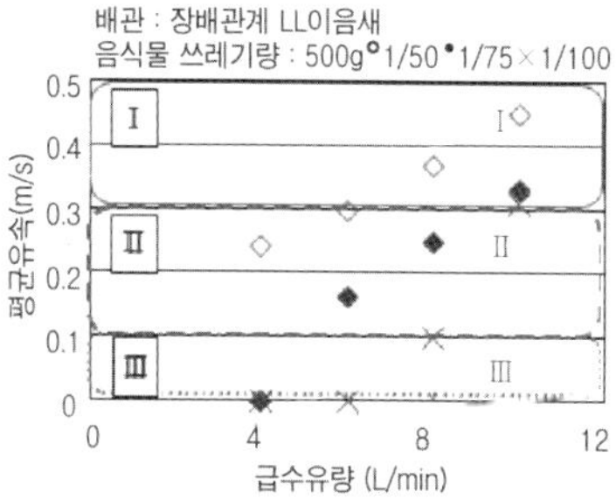

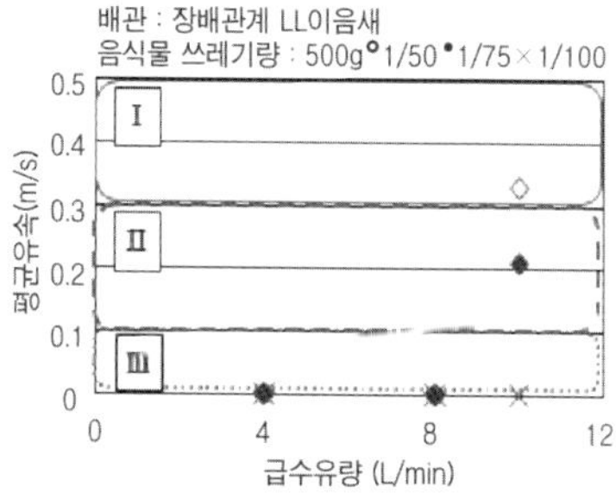

(山海敏弘, 北口かおり, 豊貞佳奈子, 小島邦晴, 清水康利, ディスポーザ排水の配管内搬送性に対する影響因子の解析, 日本建築学会環境系論文集 : vol. 615, 2007.5)

【그림 4-9】 디스포저 조작 조건 및 배관설계 조건과 디스포저 오수 평균유속의 관계

음식물쓰레기 투입량 500g에서는 1/50의 배관 경사에서도 1분당 10L 이상의 물을 공급해야 분쇄 음식물쓰레기가 퇴적되지 않고 이동하며, 이 유량에서도 1/75, 1/100의 배관 경사에는 배관의 막힘이 발생할 수 있음을 [그림 4-9]는 보여주고 있다.

[그림 4-10]은 여러 가지 실험 조건에서 배관에 퇴적된 분쇄 음식물쓰레기의 모습을 보여주고 있다. 가장 하단의 경우에는 해당 부위에서 배관이 막혀 디스포저를 사용할 수 없게 하는 상태이다. 중간의 그림에 나타난 퇴적된 달걀껍질 정도는 다음의 디스포저 이용 시에 유입되는 물에 의해 달걀껍질이 소류되어 달걀껍질의 축적에 따른 배관의 막힘 현상(松下幸之助, 清水康利, 大塚雅之 : ディスポーザ排水の排水横枝管中の流れに関する研究—生ゴミ・配管条件・給水条件の影響の可視化検討, 空気調和・衛生工学会学術講演会講演論文集, 2000. 9, pp. 1749~1752)은 나타나지 않는다고 한다.

한편, 디스포저에 의해 분쇄된 음식물쓰레기 입자 크기는 배관 내에서 관의 막힘이나 퇴적에 영향을 거의 미치지 않고 분쇄 음식물쓰레기의 배출 속도와 급수유량에 의해 영향을 받는 슬러리의 고형물 농도가 크게 영향을 미치는 것으로 밝혀지고 있다.

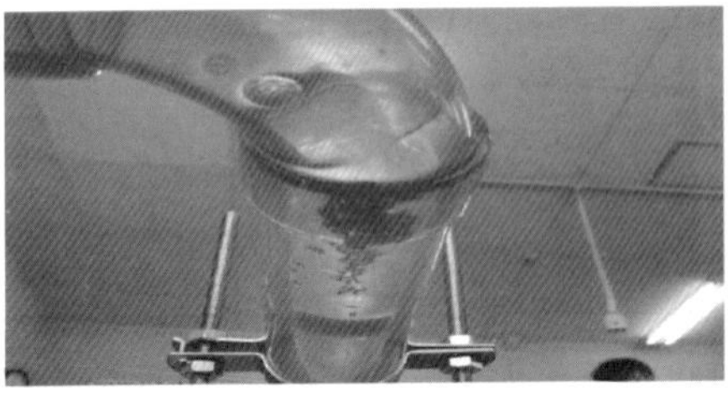

- 음식물쓰레기 처리량 : 250g
- 급수유량 : 6L/min
- 배관경사 : 1/50
- 이음매 : LL

- 음식물쓰레기 처리량 : 250g
- 급수유량 : 4L/min
- 배관경사 : 1/50
- 이음매 : LL

- 음식물쓰레기 처리량 : 500g
- 급수유량 : 4L/min
- 배관경사 : 1/100
- 이음매 : LL

(山海敏弘, 北口かおり, 豊貞佳奈子 小島邦晴, 清水康利,
ディスポーザ排水の配管内搬送性に対する影響因子の解析,
日本建築学会環境系論文集 : vol. 615, 2007.5)

【그림 4-10】 디스포저 오수의 배관 내 잔존 사례

4) 배관 길이

일본 공동주택의 구조를 보면 옥내에서 발생하는 오수를 건물의 저층으로 운반하는 입관의 설치 위치가 주택 내에서 있는 경우와 주택 외에 있는 경우로 이분된다고 한다. 주택 내에 있는 경우에는 주방, 욕실 등에 근접하여 설치되므로 주택 내에서 횡지관의 길이는 4m 정도로 짧은 반면에 주택 외에 있는 경우는 긴 경우 14m에 이르는 경우가 있다고 한다. 이 두 가지의 차이는 필연적으로 옥내배관의 설계 요소 중 하나를 제약하게 되는데 바로 주택 내에 입관이 있는 경우는 길이가 짧아 1/50의 배관 경사를 쉽게 확보할 수 있고 입관이 주택 외에 있는 경우는 긴 배관 때문에 경사 확보가 어려워 일반적으로 1/100 경사를 유지하게 된다.

이러한 조건들을 감안하여 급수유량에 따른 분쇄 음식물쓰레기의 이동 특성을 확인한 결과, 주택 내에 입관이 있는 경우는 디스포저 시스템의 인증 기준이 되고 있는 8L/min의 급수유량에서 전체 분쇄 쓰레기가 시체 없이 배출되었다. 일본의 디스포저 사용자들이 일반적으로 공급하는 평균급수유량 4L/min(都市基盤整備公団 総合研究所：KSI住宅対応排水設備の研究開発(その2)－緩勾配排水に関する設備開発について, 2001. 3；佐藤信吾 ほか4名：ディスポーザ排水の排水性, 空気調和・衛生工学会九州支部研究報告, 第3号, 1996. 5, pp. 35~38)에서는 이음매의 상류측에 달걀껍질의 퇴적이 확인되었다[표 4-4]. 그렇지만 이 퇴적된 달걀껍질은 디스포저를 반복적으로 사용함으로써 세척 시 사용되는 물에 의해 유출되어 퇴적단의 높이는 더 이상 변화가 없었다.

【표 4-4】 디스포저 오수의 평균유속과 유하 특성

구분	급수유량		
	4L/min	6L/min	8L/min
배관길이 5m 경사 : 1/50	0.17m/s ○	0.29m/s ◎	0.32m/s ◎
배관길이 13m 경사 : 1/100	4.0m ×	8.5m ×	8.5m ×

◎ --- 배관 내 잔존물이 없음. ○ --- 배관 내 달걀껍질 등의 약간 잔존
▲ --- 배관 내 다량 잔존 × --- 배관 폐색

급수유량이 적으면 [그림 4-11]과 같이 디스포저 오수 선두부에 고형물의 농도가 높아져서 배관 내의 유하 특성을 저해한다.

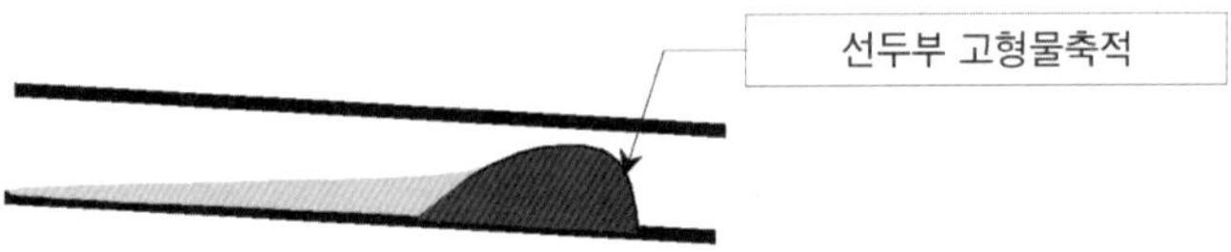

자료 : 小島邦晴, 北口かおり, 清水康利, 豊貞佳奈子, 河村憲彦, 坂上恭助, ディスポーザシステム設置集合住宅の配管プランの層別とディスポーザ排水搬送特性, 日本建築学会 学術講演梗概集(環境系), 2004. 8

【그림 4-11】 급수유량이 적을 경우 유동선두부의 정체현상 개념도

5) 배관 설계

배수·환기관의 설계는 독일의 DIN 루트법, 미국의 NPC의 기구(器具) 오수 부하 단위법이 있어, 일본에서는 원칙적으로 공기조화·위생공학회규격 SHASE - S206 - 2000의 정상류법(定常流法)이 이용

되고 있다. 디스포저로부터 오수 종관까지의 배수횡지관은 적정한 구경과 구배를 확보해 이음매는 음식물쓰레기가 퇴적되지 않게 [그림 4-12]와 같이 90도 각도, 또는 [그림 4-13]과 같은 45도 엘보 등을 사용해 종관까지의 곡선은 최대한 줄여 최단거리로 설계한다.

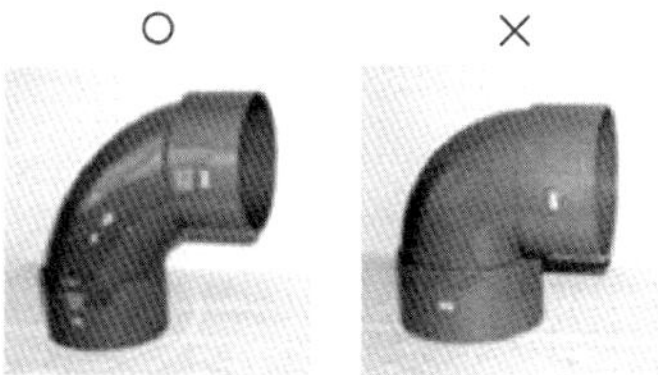

【그림 4-12】 90도 각도 엘보

【그림 4-13】 45도 각도 엘보

6) 이음매 종류

이음매의 차이에 의한 디스포저 오수의 유하 특성은 [그림 4-14]에 나타내었다. 배관 길이의 차이에 따른 이음매의 영향은 이음매가 동일한 경우 그다지 크지 않았다. 그러나 DL 이음매는 이음매 상류 측의 속도 저하가 현저하고, 그곳에서 달걀껍질 퇴적의 위험도가 증가하였다. 따라서 배관설계에서는 LL 이음매를 사용하는 것이 바람직하다고 판단되었다.

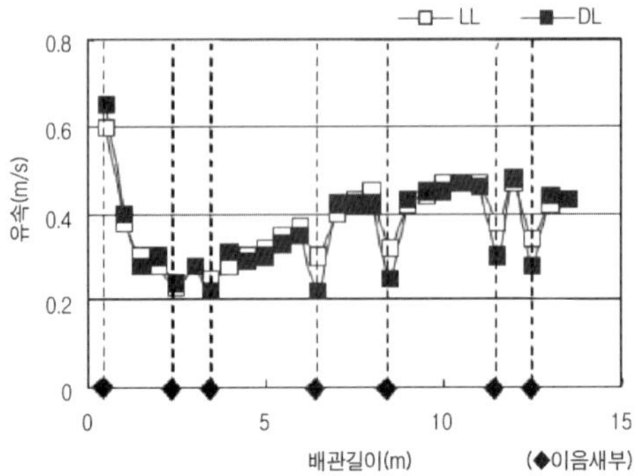

(山海敏弘, 北口かおり, 豊貞佳奈子, 小島邦晴, 清水康利,
ディスポーザ排水の配管内搬送性に対する影響因子の解析,
日本建築学会環境系論文集 : vol. 615, 2007.5)

【그림 4-14】 배관 이음매와 디스포저 오수의 평균유속

7) 디스포저 성능

디스포저에 의해 형성되는 음식물쓰레기의 입자 크기는 옥내배관에서 디스포저 오수의 이동에 큰 영향을 미치지 않고 평균유속과 디스포저 오수의 고형물 농도가 중요하다고 이미 설명하였다. 그렇지만 디스포저 자체가 지닌 자동급수기능은 매우 중요하다고 한다. 바로 유속과 디스포저 오수의 고형물 농도를 결정하는 급수량을 조절하는 기능을 갖춘 경우에는 특히 그러하다고 한다. 근래에 일본에서 개발된 자동급수 디스포저는 [그림 4-15]와 같이 음식물쓰레기의 분쇄 시간을 전후로 감안하여 슬러리 희석용, 트랩세정용, 트랩봉수용 등의 물을 자동으로 공급한다.

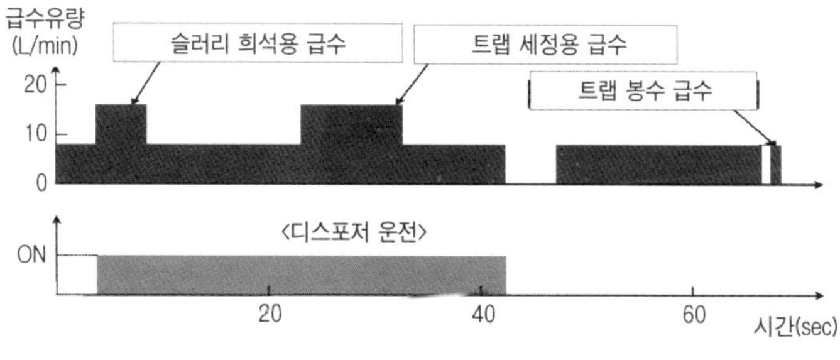

(山海敏弘, 北口かおり, 豊貞佳奈子, 小島邦晴, 清水康利, ディスポーザ排水の配管内搬送性に対する影響因子の解析, 日本建築学会環境系論文集 : vol. 615, 2007.5)

【그림 4-15】 디스포저의 자동급수 프로그램

이러한 디스포저를 사용하는 경우의 음식물쓰레기 투입량 250g과 500g에서의 옥내배관 내 길이 방향에 대한 유속의 변화를 [그림 4-16]에서 보여주고 있다. 이 자동급수 디스포저는 분쇄 음식물쓰레기의 토출시에 약 16L/min의 급수유량으로 고형물의 농도를 희석하도록 프로그래밍 되어 있다. 이러한 특성 때문에 음식물쓰레기 투입량 500g에서도 250g일 경우와 거의 동등한 유속을 얻을 수 있다고 한다. 참고로 손으로 물을 투입하는 경우가 [그림 4-9]인데 음식물쓰레기 투입량 500g에서는 1분당 10L 이상의 물을 주입해야 적정 유속이 확보되고 있다. 결국 옥내배관 측면에서 자동으로 급수유량을 조절하는 디스포저는 안정된 음식물쓰레기 분쇄물의 이동을 위해 매우 유용한 기능임을 보여주고 있다.

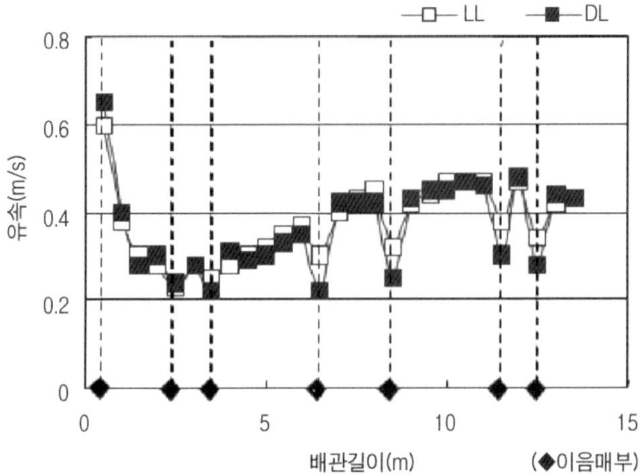

(山海敏弘, 北口かおり, 豊貞佳奈子, 小島邦晴, 清水康利, ディスポーザ排水の配管内搬送性に対する影響因子の解析, 日本建築学会環境系論文集 : vol. 615, 2007.5)

【그림 4-16】 자동급수 디스포저의 운전 조건과 디스포저 오수의 평균유속

제5장

일본의 디스포저 오수전처리시스템 설치 및 유지관리 기준

5. 일본의 디스포저 오수전처리시스템 설치 및 유지관리 기준

5.1 급수 방법

급수 방법으로는 수돗물을 수동으로 급수하는 '수동급수방식'과 디스포저의 작동에 맞추어 급수하는 '자동급수방식'이 일반적이다. 급수할 경우에는 역류작용에 의한 오염을 방지하기 위해 다음 사항을 고려해야 한다.

수도꼭지로부터 급수하는 경우 [그림 5-1]과 같이 토수구 공간을 확보해야 한다. 즉, 싱크대의 토수구와 디스포저가 설치되어 있는 작동틀 사이에 있는 토수구 공간을 확보해야 한다. 디스포저의 파쇄실에 직접 급수하는 경우, 대기압식 진공 브레이크를 설치한다.[그림 5-2]

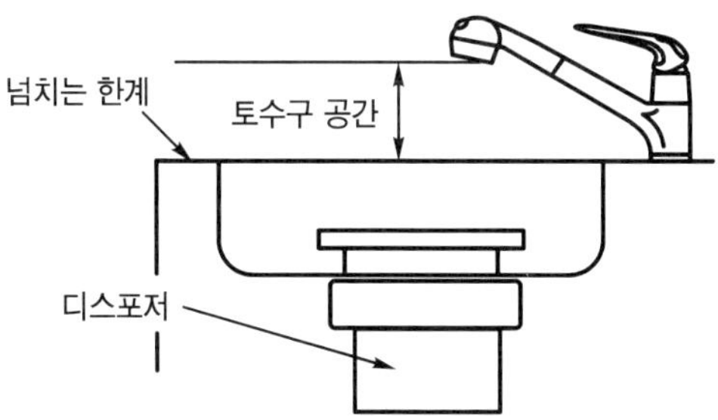

【그림 5-1】 디스포저 급수에 따른 토수구 확보

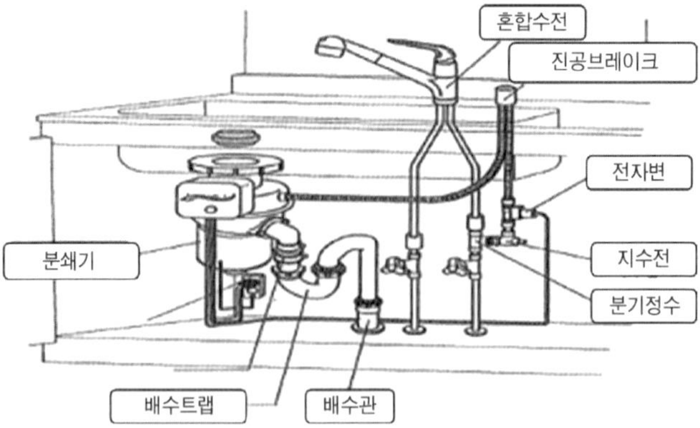

【그림 5-2】 진공 브레이크 설치

5.2 트랩의 설치

1) 트랩의 위치

디스포저 가까이에 적절한 구조와 재질의 트랩을 설치해야 한다.

트랩은 하수관으로부터 악취나 유해가스 및 해충의 침입을 방지하는 목적으로 반드시 수봉식 트랩을 사용한다. 또한, 비닐호스(연질) 등을 이용한 트랩 구조에서는 내구성, 소류 능력이 없는 것을 사용해서는 안 된다. 어떠한 경우에도 이중 트랩을 설치해서는 안 된다.

2) 트랩의 종류

트랩은 '유입부에 슬립 Joint를 가지는 P트랩', '동일 Joint를 가지는

S트랩' 또는 다른 형식의 트랩으로 소류작용이 있고 배관 접속을 확실하게 할 수 있는 것으로 한다. 청소구 부착 트랩은 수밀성이나 세정 시 금속호스의 마찰 등에 대한 내구성을 고려해야 한다.

트랩 내에 디스포저 오수가 체류하지 않도록 P트랩, S트랩 등은 소류작용이 이루어져야 한다. 또한, 배수배관의 접속을 확실하게 할 수 있도록 하기 위해 [그림 5-3] 및 [그림 5-4]와 같이 '유입부 및 유출부에 슬립 Joint를 가지는 트랩'을 사용할 필요가 있다.

종래 가정용 트랩의 최소구경은 40mm이지만 디스포저용 배수 트랩을 선정하기 위해 가칭 지름 40mm(외경 49mm×내경 44mm)와 가칭 관경 38mm(외경 38mm×내경 35mm)의 P트랩에 대한 예비실험을 실시하였다. 그 결과 관경 38mm의 트랩이 짧은 급수 시간에 트랩 내의 디스포저 오수가 쉽게 배출 된다는 사실이 확인되었다. 이에 시판되고 있는 대부분의 디스포저 유출관 외경은 38~39.2mm이다. 가칭 관경 38mm의 트랩 유입부에 설치되고 있는 슬립 Joint의 접수구 내경은 외경 38mm의 유입관이 들어가도록 제작되고 있다. 트랩의 내경은 32mm~34.6mm 정도이다.

트랩의 봉수심은 국토교통성 고시에서와 같이 50mm 이상 100mm 이하로 하지만 소류작용의 관점에서 봉수심이 깊은 트랩일수록 소류작용이 약한 경향이 있다. 따라서 봉수심은 50~70mm가 좋다.

	S트랩	P트랩
외관	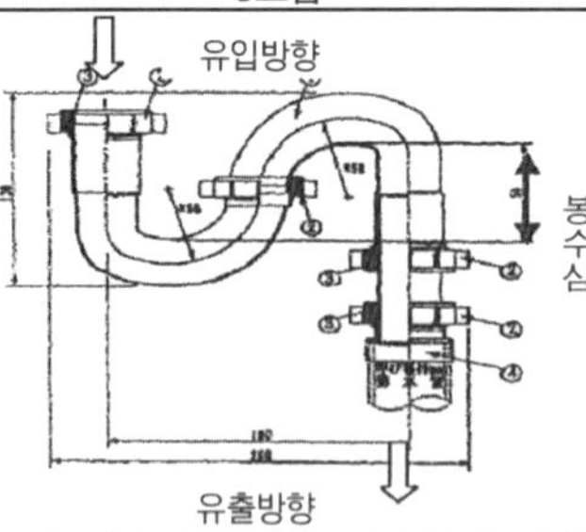	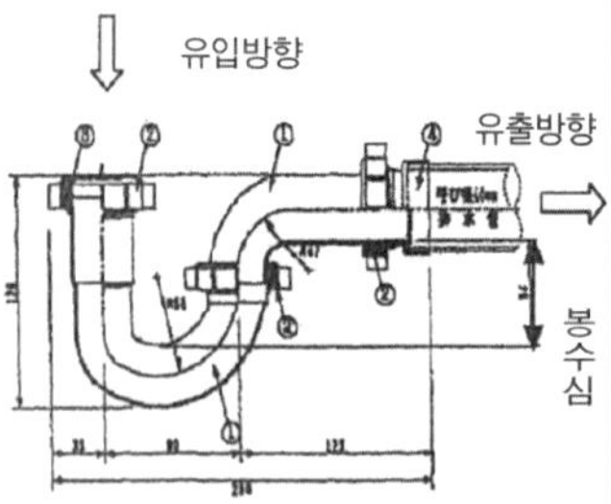
봉수심	58mm	54mm

【그림 5-3】 주방용 오물 디스포저 트랩의 예(1)

	방진기능부	청소구부
외관	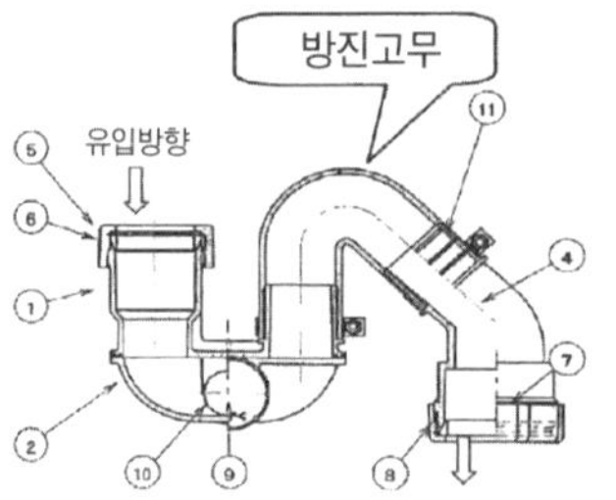	

【그림 5-4】 주방용 오물 디스포저 트랩의 예(2)

5.3 배수관경

1) 배수량

디스포저의 오수량은 디스포저에 필요한 급수량(8L/min 이상)을 소요 시간 동안 흘려보내고 그 상태에서 배수량을 측정하여 결정한다.

1995년도에 급배수설비연구회가 실시한 실험결과에 의하면 급수(유량 8L/min) 개시 직후에 디스포저의 운전 및 급수를 분쇄 종료 시까지 계속했을 경우의 배수량 평균치는 6.74L~16.70L이었다.

분쇄 오수와 일반 조리 시, 식기세척 등으로부터 생기는 주방 오수를 합한 배수량은 50L로 한다.

2) 평균 배수 유량

급수량이 8L/min인 경우, 디스포저의 평균 배수유량은 0.15L/sec로 한다.

다만, 실험에 의해 측정한 값이 이 값과 다른 경우는 해당 배수량의 실험값을 사용할 수가 있다.

디스포저에 필요한 급수량이 8L/min을 초과하는 경우의 평균 배수유량에 대해서는 디스포저에 필요한 급수량을 운전시간 동안 흘리고 그 사이의 배수량을 측정하여 결정한다.

3) 평균 배수 간격

디스포저의 부착시 평균 배수 간격은 600초로 한다.

5.4 배수 및 배기 배관

1) 소음 · 진동 전파 방지

디스포저 작동 시 소음이나 진동이 다른 연립주택이나 다른 층에 전파되는 것을 방지하기 위해 싱크대와 배관의 접속부에는 적절한 방진조치를 해야 한다. 또한, 배관에 대해서도 합류이음부나 지지쇠장치, 배관 관통부에 적절한 방진장치를 해야 한다.

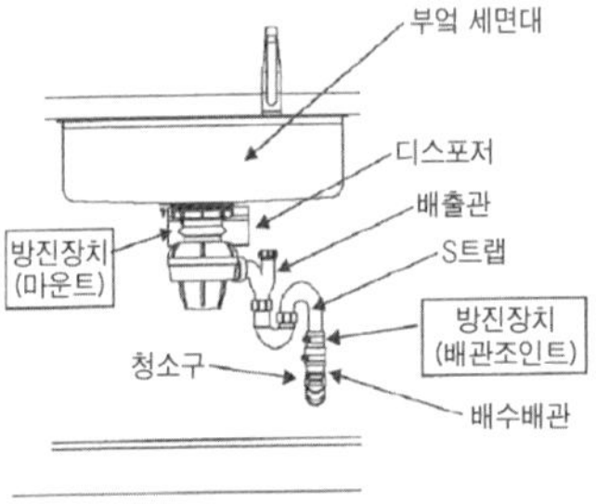

(1) 트랩~배관에 방진장치 설치(S트랩)

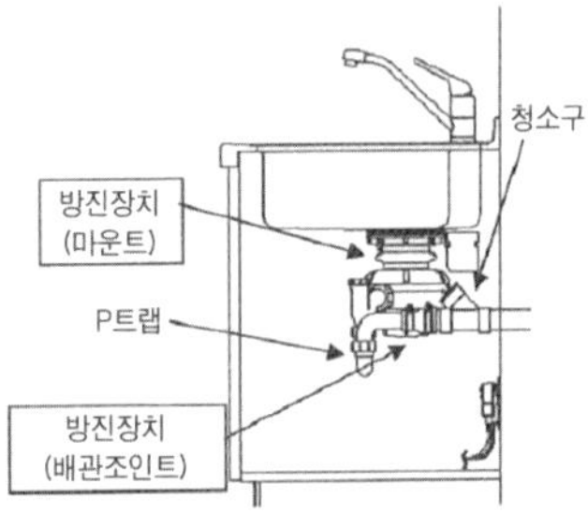

(2) 트랩~배관사이에 방진장치 설치(P트랩)

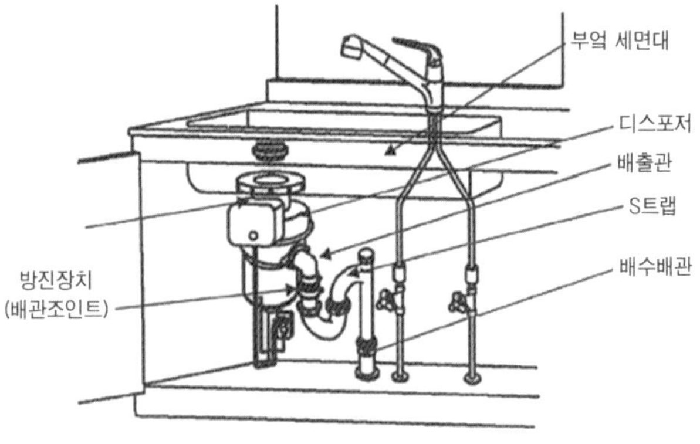

(3) 배수 엘보~트랩에 방진장치 설치(S트랩)

【그림 5-6】 방진장치 설치 예

소음 · 진동의 측정방법은 (재)better living의 공동주택 부품 성능 시험 방법에서 디스포저 배수처리 시스템(BLT WG : 2005②)에 나타나고 있지만, 현장 측정은 어렵고 세입자가 입주하기 전에 음식물쓰레기를 배수관에 배출하는 것이 곤란하므로 시판되는 얼음을 이용하여 파쇄 시 피크음을 확인하는 경우가 많다. 그러나 이 경우도 디스포저 설치 조건에 의해 수치가 변동하므로 일률적으로 수치를 설정하는 것이 어렵고 세대마다 옆방과 아래층의 소음평가를 실시하고 있다.

2) 배수관 내부에서 디스포저 오수의 퇴적 · 체류 방지

분쇄된 음식물쓰레기가 배수관 내부에서 체류하거나 퇴적을 일으키지 않도록 단차가 생기지 않는 이음매나 막다른 부분이 없는 배관 등 적절한 배관 재료의 선정이나 설계 · 시공을 실시한다.

3) 배수관의 내열성

디스포저 배수관의 내열성은 60℃를 원칙으로 한다.

디스포저 취급설명서 등에 사용자는 60℃ 이상의 온수는 배관에 지장을 주므로 배수되지 않도록 한다고 기재한다. 또한, 고온의 온수를 흘려보낼 경우는 물로 희석하여 온도를 낮추어 배수하는 등의 처리방법을 기재한다.

식기세척기는 멸균, 건조용으로 고온의 온수를 배수하는 기종도 있기 때문에 원칙적으로 디스포저에 직접 접속하지 않는 것으로 한다.

【그림 5-6】 식기세척기 배수의 내열 조치 예

4) 배수 · 배기 배관

디스포저 배수의 배수 · 통기 배관에 관해서는 SRASE-S206의 해당 항목에 따른다.

배수 · 배기 계통에 이용되는 방식은 [그림 5-7]과 같이 루프배기 방식, 신정(伸頂)통기관배수 방식 및 단일관 배수 방식이 있고 건물의 용도와 규모 등을 충분히 고려해 적절한 방식을 선정한다.

디스포저 배수를 포함한 배수 · 배기 배관은 배수 · 배기 목적 이외의 용도로 사용해서는 안 된다.

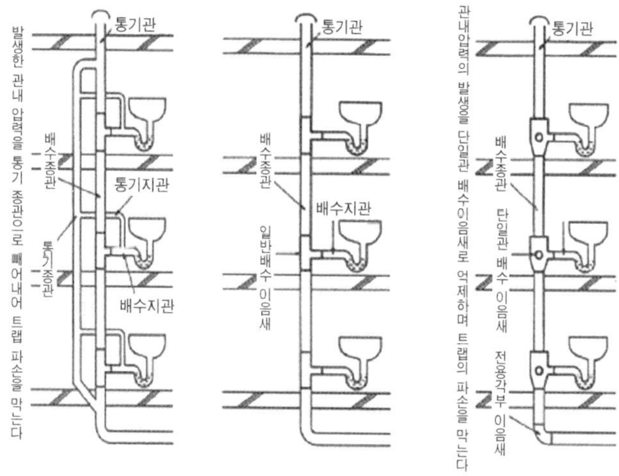

루프환기 시스템 신정통기관 배수시스템 단일관 배수시스템

【그림 5-7】 배수수직관 시스템

5) 배수 횡지관

디스포저 배수의 횡지관의 관경은 40mm 또는 50mm로 한다.

일반적으로 싱크대 배수관 관경은 50mm가 대부분이지만 단독주택은 40mm인 경우도 있으므로 양자를 병행하여 사용한다.

디스포저 배수의 횡지관의 내면은 요철이 없는 동시에 1/50 이상의 경사로 배관한다.

배수관 내면의 요철은 디스포저 오수의 퇴적을 야기하여 정상적인 흐름을 방해하므로 내면이 매끄러운 동시에 배관 이음부의 접속부 단차가 생기지 않도록 시공 시 유의하여야 한다.

내화 2층관을 포함한 경질염화비닐관을 사용하는 경우에는 VP관만으로 하고 두께가 상당히 얇은 VU관은 냉온수 배수에 의한 열신축 등의 문제가 발생할 수 있으므로 사용을 금지한다.

경사는 1/50 이상으로 해야 하지만, 경사의 확보가 어려운 경우에는 배관루트를 재검토하고 반송성능시험 등을 실시하여 배수성능상 안전한 것을 확인한 후 시공하는 것으로 한다.

디스포저로부터 배수 입관까지의 총 배관 길이와 곡부의 개수는 14m, 8개까지로 한다.

도시기반정비공단(현 도시재생기구)이 <KSI 주택대용 배수설비의 개발연구에서 배수횡지관 배수성능에 관한 연구(안)>에서 디스포저를 이용한 부엌싱크대 배수성능실험을 실시하여 얻은 결과에 의해 배수횡주관의 배관 길이 및 곡선 부분 수치의 값을 채용하였다.

곡부에는 큰 곡선 엘보를 사용한다. 다만 연속하는 곡선의 경우는 최대한 직선거리를 확보해야 한다.

연속하는 곡선에서는 디스포저 오수가 퇴적될 우려가 있으므로 500mm 이상의 거리를 확보하는 것이 바람직하다.

배수 횡지관을 지탱하기 위해서 관의 굴곡을 방지할 수 있도록 적정 간격을 유지하고 진동의 전파를 방지할 필요가 있는 경우에는 방진재를 설치한다.

배수 횡지관의 접속구에도 진동전파를 고려하여 배수 횡지관과 이음부 사이에 배수용 특수 이음매를 설치하여 금속이 닫지 않는 구조로 한다.

6) 배수 입관

배수 입관의 부하유량 및 관경의 결정은 SHASE-S206 정상 유량법에 따른다.

디스포저 배수량, 평균 배수량 및 평균 배수 간격은 위에 인급한 수치를 채용한다.

공기조화 · 위생공학 편람에 기재되어 있는 기구 배수 부하단위법에 따르는 경우에는 가정용 디스포저의 기구 배수 부하단위는 2로 계산한다.

신정통기 방식에서는 배수 횡관과 배수 입관의 접속에는 원칙적으로 TY 이음매 혹은 Y 이음매를 사용한다.

신정통기 방식은 TY 이음매와 ST 이음매 등이 있지만 ST 이음매의 경우에는 위층으로부터의 배수가 아래층의 배수횡지관에 유입하는 것으로 밝혀졌기 때문에 TY 이음매 혹은 Y 이음매를 사용한다.

특수 이음매 배수방식은 부하유량을 허용할 수 있는 배수용 특수 이음매를 사용한다.

디스포저의 배수 입관은 내면에 요철이 없고 매끄러운 것을 사용한다.

배수횡지관과 같이 배수관 내의 요철이 있으면 정상적인 흐름을 저해한다. 따라서 내면이 매끄러운 것을 선정하고 시공 시 주의를 기울인다.

배수횡지관과 같은 두께가 상당히 얇은 VU관은 냉온배수에 의한 열신축, 내격 단차 등의 문제가 발생하므로 사용을 금지한다.

배수 종관에는 원칙적으로 오프셋(offset)을 설치하면 안 된다.

45° 이내의 오프셋(offset)부에 충분한 기능이 있는 환기관을 설치

하는 경우와 배수량이 허용치보다 적은 경우, 배수관 내의 기압 변동이 허용치 이내인 것이 확인될 경우에 한정하여 오프셋(offset)을 설치하는 것이 가능하다.

공동주택에서는 아래층의 경우 디스포저 배수를 가로로 배출하는 경우는 관경을 한 사이즈 크게 한다.

7) 배수 횡주관

배수 횡주관의 관경 결정은 SHASE-S206 정상 유량법에 따른다. 디스포저 오수의 퇴적 우려가 있어 관경을 필요 이상으로 크게 하면 유수 깊이가 얕아져 오히려 디스포저 오수가 퇴적하는 원인이 된다.

배수 횡주관의 경사는 SHASE-S206에 규정되어 있는 최소경사 이상으로 한다. 배수 횡주관의 경사는 관내에 생성되는 슬라임 제거 및 고형물 반송을 위한 소류력을 유지하는 한계유속을 나타낸다. 따라서 SHASE- S206에 규정되어 있는 최소경사 이상으로 한다. 배관루트를 검토해 반송성능시험 등을 실시하여 성능상 안전성을 확인받은 것은 예외로 한다.

배수 횡주관의 내면은 요철이 없고 매끄러운 것을 사용한다.

횡주관의 경우는 횡지관보다 흐름이 완만하게 되므로 관재의 선정 및 이음매부의 단차에 보다 유의를 해야 한다.

특수 이음매 배수방식을 채용하는 경우에 배수 횡주관의 관경은 배수 입관 관경의 한 사이즈 크게 하는 것을 원칙으로 한다.

배수 입관과 배수 횡주관의 접속에는 큰 곡선 엘보 혹은 특수 이음매 방식의 전용각부 이음매를 사용하고 동시에 배수 횡주관의 곡선부에는 큰 곡선 엘보를 사용한다.

8) 배기관

배기관경의 결정은 기본적으로 배수에 따른 필요 배기량을 고려하여 압력 손실법에 따라 결정한다. 압력 손실법에 따른 통기관경 결정 외의 것은 SHASE-S206의 규정에 따라 설치한다.

신정배기관은 원칙적으로 단독으로 설치하고, 단부에는 배수 수직관의 단면적 이상의 배기단면적을 가지는 벤트캡을 사용한다.

신정배기관은 특수 이음매 배수방식에 대해 중요한 공기배출구이므로 단부에는 배수종관의 단면적 이상의 환기 단면적을 가지는 벤트캡을 채용한다.

통기밸브는 정압에 대해서 효과가 없으므로 아래층의 트랩봉수 악취 문제 등으로 사용하지 않는 것이 바람직하다.

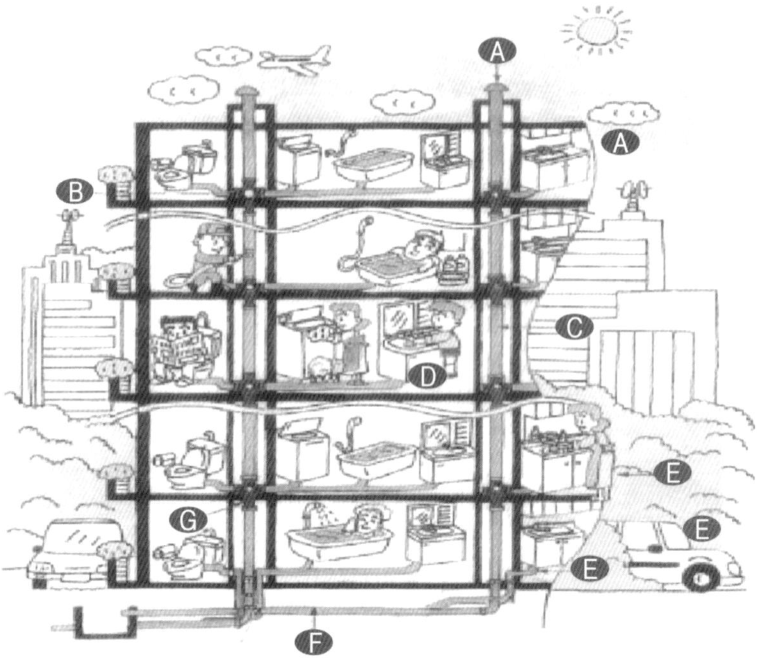

A : 신정통기관　　B : 배수용 특수 이음매
C : 배수 수직관　　D : 배수 횡지관
E : 디스포저 부착 싱크대 배출　　F : 배수 횡주관
G : 배수용 특수 이음매

【그림 5-8】 공동주택 배수계통 개략도

9) 옥외 배수관

배관 계획은 건물로부터 디스포저 배출관의 배출 개소와 배수처리조의 위치 및 부지의 형상 등을 고려하여 정하고 지상의 용도를 충분히 고려하여 [표 5-1]과 같은 매설심도를 정한다.

디스포저 오수는 유지분을 많이 포함한 주방 오수이며 디스포저 오수 등이 퇴적되는 것을 고려할 필요가 있다. 옥외 매설배관은 건물 내배관과 달리 겨울의 온도 저하에 의한 슬라임의 관벽 부착을 고려하여 충분한 매설심도를 확보하도록 한다.

땅속에 매설하는 배관은 경질염화비닐관을 사용하고 굴곡 등이 생기지 않도록 충분한 지반 대책을 세워야 한다.

옥외 배수관의 경사는 [표 5-2]와 같이 디스포저 오수가 지장없이 흘러내리도록 요철이 없고 적절한 경사로 설치한다. 경사는 원칙으로서 SHASE-S206에 의한다.

중력식에 의한 배수 경사는 배수 및 포함되는 고형물의 신속한 배제를 위하여 [표 5-2]와 같은 경사로 할 필요가 있다. 디스포저 오수의 전용관은 디스포저 오수가 이음매 접합부에 퇴적하기 쉬운 것을 고려하여 단차가 생기지 않게 확실히 접합할 필요가 있다.

성토 또는 불안정한 지반에 매설하는 옥외 배수관은 견고한 기초에 배관하는 등 지반 침하에 대해 적절한 대책을 강구한다.

옥외 배수관은 디스포저 오수 처리조에 단독으로 접속하고 디스포저 이외의 오수나 빗물을 접속해서는 안 된다.

디스포저 배수 시스템은 인증(적합평가)제도의 인증 조건으로부터 주방 오수만을 처리하는 것으로 되어 있기 때문에 다른 생활하수나 빗물배수의 혼입을 금지하고 있다.

땅속에 매설하는 배관은 경질염화비닐관(VU관)을 사용한다. 노출 부분은 경질염화비닐관(VP관)을 사용한다.

디스포저 배수관에 철근콘크리트관(흄관)을 사용하면 접합부와 입구에 단차가 발생하므로 분쇄물이 퇴적하기 쉬워진다. 또한, 접합부의 수밀불완전, 누수나 지하수, 나무의 뿌리, 토사 등이 침입할 우려가 있으므로 염화비닐관으로 배관한다.

옥외 배수관의 방향 변환에는 배수받이를 설치한다.

옥외 배관의 방향 변환에는 배수관의 점검, 청소구, 경사의 조정 등을 위해 배수받이를 설치한다.

【표 5-1】 옥외 배관의 매설 심도

지상의 용도	매설 심도(mm)
자동차 등 중량물의 도로	750 이상
사람 · 자전거 등의 도로	450 이상
녹지 등	200 이상

【표 5-2】 배수 관경 · 경사

관경(mm)	경사(최소)
125	1/150
150	1/200
200～250	1/200

10) 배수받이

옥외 배수관의 방향 전환에는 원칙으로서 배수받이를 사용한다. 배수받이는 SHASE-S260이 규정하는 것에 따르며 그 이외 다음 사항에 유의해 정한다.

- 배수받이의 설치 장소
  - 부지 배수관의 기점(최상류개소)
  - 부지 배수관의 굴곡점 및 희소점
  - 부지 배수관의 관경, 관종 및 경사의 변화점. 단 배수관의 유지관리에 지장이 없는 경우는 이 범위에 해당되지 않는다.
  - 부지 배수관의 연장이 그 관내지름의 120배를 넘지 않는 범위 내에서 배수관의 유지관리상 적절한 개소
  - 기타 청소·점검상 필요한 개소
- 배수받이의 크기, 형상 및 구조 : [표 5-3]과 같이 내경 450mm 이상의 원형 또는 각형으로 하며 견고하고 내구성 및 내진성이 있는 구조로 한다.
  - 건물로부터 제1받이와 배수처리조에 유입하기 직전에는 배관 내 퇴적물의 제거 작업이 용이하도록 내경 600mm의 받이를 설치한다.
  - [그림 5-9]와 같은 소구경받이는 점검용 이외 사용하지 않는다.
  - 배수받이의 크기는 받이 깊이와 접속하는 배수관의 연결개수에 의해 결정한다.
- 뚜껑 : 내구성이 있는 재료로 제작하며 악취가 새지 않고 빗물 등이 침입하지 않게 밀폐 뚜껑으로 한다.
  - 배수받이의 뚜껑은 주철제, 콘크리트제(철근), 플라스틱제, 기

타 내구성·내식성이 있는 것을 사용한다.

- 저부 : 받이 저부에는 인버트를 설치한다.
  - 접속하는 배수관의 내경 또는 내법 치수에 따라 적절한 치수의 인버트를 설치한다.
  - 인버트는 위쪽 부분을 10~20mm 정도의 크기로 한다.
- 기초 : 배수받이 종류, 설치 조건 등을 고려하고 모래, 자갈, 콘크리트 등으로 적절한 기초를 행한다.
  - 배수받이는 침하 등에 의해 파손하지 않도록 적절한 조치를 강구한다.
  - 배수 횡주관과 배수받이의 접속 부분에는 지반침하 대책 및 내진조치를 강구한다.

【표 5-3】 배수받이의 크기 및 연결개수와의 관계

내경 또는 내법(mm)	깊이(mm)	연결개수
450	800까지	4개까지
600	1000까지	4개까지
900	1200까지	5개까지

【그림 5-9】 소구경받이

11) 청소구

배수관에는 SHASE-S206의 규정에 따른다.

청소구는 [그림 5-10]과 같이 배수의 흐름과 직각 방향 혹은 유하 방향을 점검하도록 설치한다. 배수관의 청소구를 배수의 흐름과 직각 방향으로 점검하도록 설치한 경우에는 배수의 흐름이 상류측과 하류측의 양쪽을 향하여 세정할 수 있게 된다.

디스포저 트랩의 바로 아래에서 점검하도록 설치한다. 트랩을 분해하지 않고 디스포저로부터 배수 횡지관의 세정이 가능하도록 청소구를 설치한다. 또한, [그림 5-11] 및 [그림 5-12]와 같이 청소구의 위치는 세정 중 흐르는 수돗물이 역류하지 않는 위치와 방향으로 한다. 다만 청소구를 가진 트랩에서 세정 가능한 경우는 예외로 한다.

공용부에 이용하는 배수용 특수 이음매에는 청소구부착의 이음매를 채용한다. 배수 입관을 배치한 경우에는 건물 내 배수횡시관의 연장이 긴 경우가 있고 디스포저와 공용 배수 입관으로부터 배관을 세정할 수 있도록 [그림 5-13]과 같은 청소구부착의 특수 이음매를 사용한다.

배수 횡지관은 7~15m에 1개소, 곡선 4~8개까지 1개소 이상 설치한다. 배수 횡지관의 세정은 디스포저 청소구로부터 고압세정 방식으로 세정하는 것을 고려하여 15m 이내마다 청소구를 설치한다. 종관에 청소구부착 특수 이음매를 채용한 경우는 예외로 한다.

배수 입관에는 3층 이내마다 1개소를 설치하고, 배수 입관의 최하부 부근과 최상부에 1개소씩 설치한다. 옥상의 통기관 대기개방부가 청소구와 겸용할 수 있는 것을 채용했을 경우는 꼭대기 청소구를 생략할 수 있다. 단, 신정통기관을 합류시키는 경우는 해당되는 층에 설치한다.

배수 횡주관에는 7~15m마다 1개소씩 설치한다. 배수 횡주관의 청소구는 통상적으로 곡선부의 단부를 연장하여 설치하는 예가 많다. 이 경우 디스포저 오수의 유하 시에 수위가 상승하여 연장부에 배수가 유입하게 된다. 배수가 유입된 후에는 디스포저 오수가 연장부에 남게 되므로 가능한 항상 배수가 흐르는 곡선부의 상류 관상부로부터 꺼내어 설치하는 것이 바람직하다.

배수 횡주관의 합류부 부근에는 합류 배관을 세정할 수 있는 적절한 위치에 청소구를 설치한다.

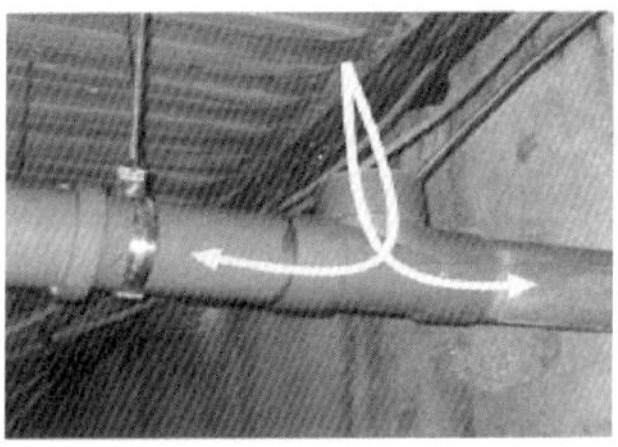

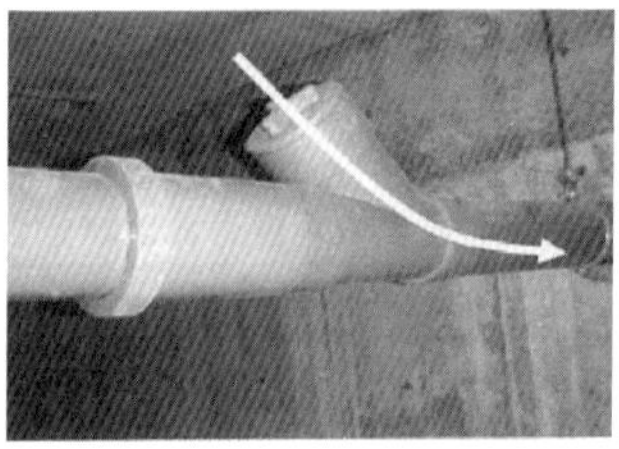

【그림 5-10】 배수 횡주관의 청소구 사례

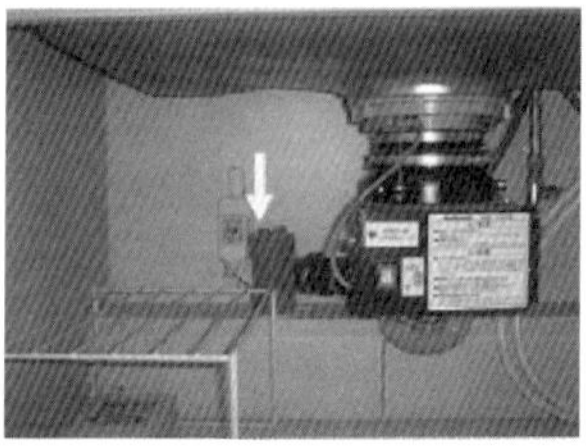

【그림 5-11】 배수 횡지관용 청소구

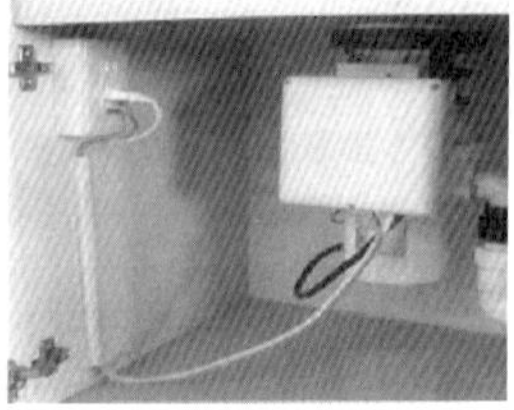

【그림 5-12】 청소구 부착 트랩

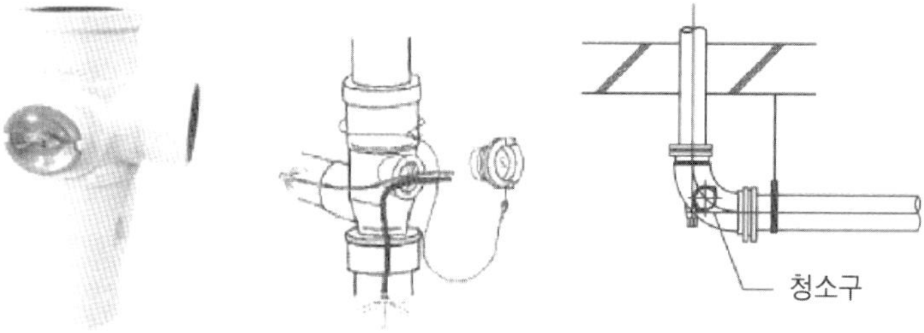

청소구부착 특수 이음매　　　　　청소구부착 각부 이음매

【그림 5-13】 청소구부착 이음매

12) 중계펌프조 및 배수조

디스포저 오수를 저장하는 펌프조·배수조 저부에 디스포저오수가 침전하거나 상부에 스컴이 발생하는 것을 막기 위한 교반장치 등의 조치가 필요하다. [그림 5-14]와 같이 배수조 내에 수중 배수펌프의 토출배관을 중간에 나누어 토출수의 일부는 조내에서 순환류가 형성되도록 교반배관을 설치하는 방법이 좋다.

교반장치의 계획은 아래의 사항을 유의한다.

① 수중 오수펌프는 일반적으로는 '오물용'이라고 일컬어지는 기종을 선택하는 것

② 수중 오수펌프의 대수는 2대를 설치하는 것이 바람직하다.

③ 오수펌프가 정지했을 때 토출배관 내의 물이 조내로 돌아가지 않도록 수중 오수펌프의 토출배관 중간에 역지밸브를 설치한다. 그 경우 디스포저 오수를 고려하여 오물 용도의 역지밸브를 사용하

는 것이 좋다.

④ 수중 오수펌프, 역지밸브 및 교반배관의 점검을 고려하여 조내에 게이트밸브, 나아가서는 [그림 5-14]와 같이 게이트밸브의 앞측에 유니온 이음매를 설치하고 수중 오수펌프에는 로프를 붙여 설치한다(수중 오수펌프는 내식성이 있고 가벼운 것이 좋다).

⑤ 오수조의 맨홀은 오수펌프 및 토출배관, 교반배관을 만들 수 있는 크기로 한다.

⑥ 오수펌프는 수위를 점검하고 작동 · 정지를 자동으로 행할 수가 있는 자동식 수중 오수펌프를 사용하면 편리하다.

⑦ 만일에 대비해 만수경보장치를 설치하는 것이 바람직하다.

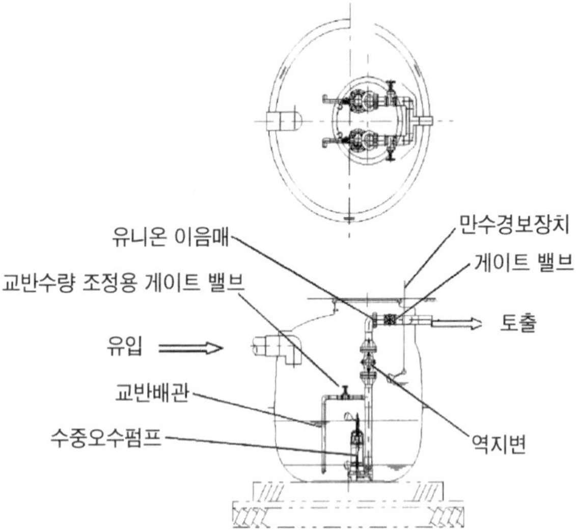

【그림 5-14】 오수조 내 설치된 수중 오수펌프

5.5 환기

1) 악취 방지

배수처리부로부터는 강한 악취가 발생하거나 맨홀 등으로부터 악취가 발생하는 경우가 있으므로 배기관을 연장하여 맨홀 등으로부터 악취가 발생하는 것을 방지한다.

배기관을 설치하지 않고 맨홀 등에 방취 조치를 실시한 경우는 포기에 의한 배수처리부 내 정압으로 인해 배수트랩이 파괴될 가능성이 있으므로 배수처리부에는 반드시 배기관을 접속할 필요가 있다.

2) 배기관의 말단 및 대기개방 위치

배기관 말단은 빗물의 침입, 눈의 적체 등에 의하여 배기에 지장이 없도록 시공하고 쓰레기나 벌레 등의 유입을 방지할 필요가 있다.

대기 개방 위치는 주위 주택의 개방부(창문 등)나 바깥 공기 취수구가 없는 위치로 하고 풍향도 고려할 필요가 있다.

3) 배기관의 경사

배기관의 경사는 배관 내에 결로수 등이 발생하여도 배수처리조 내로 이송 · 반송되도록 배수처리부 쪽으로 경사지게 한다.

피트 내에 배관하는 경우, 배관 경사나 접착 상황 등의 점검 확인이 가능하도록 하고 경사를 확보할 수 없는 경우는 배관 도중에 청소구나

밸브 등을 설치하고 결로수를 배제할 수 있는 구조로 한다.

배기관을 땅속으로 매설하는 경우는 지반침하 등에 따라 역경사가 되지 않도록 고려하고, 배관지지에 대해 충분히 검토할 필요가 있다.

4) 배기관의 재질

내구성 · 내식성이 뛰어난 재질의 것을 선정한다.

5.6 디스포저 유지관리

1) 급수량 확보

디스포저 작동 시는 소정의 급수를 실시하고 적절한 사용유량을 확보한다. 음식물쓰레기의 종류나 양 또는 디스포저의 종류나 배수배관 상태에 따라서 다르지만 통상 사용 조건은 8L/min 이상을 확보한다. 디스포저 회사 등이 급수량을 자동설정하고 있거나 8L/min 이상의 값을 필요급수량으로 설정하고 있는 경우 그 값을 필요급수량으로 확보한다.

2) 급수 지속시간 확보

디스포저 작동 시의 급수는 디스포저 작동 개시 전부터 행하고 음식물쓰레기 분쇄 종료 후도 디스포저 정지 후의 적절한 시간까지 연속하여 행한다. 급수하지 않고 디스포저를 작동시켰을 경우, 음식물쓰레기의 분쇄에 부하가 너무 걸려 디스포저가 정지하거나 분쇄물이 배출되지 못하고 패색되어 트랩이나 배관 내에서 막히게 되므로 디스포저의 운전은 반드시 급수 개시 후에 실시한다.

파쇄실 내 벽이나 저부에 디스포저 오수가 남아 있다면 악취 발생의 원인이 되어 위생면에서 바람직하지 않으므로 디스포저 오수를 확실히 배출하고 파쇄실 내를 청소와 트랩 · 횡지관 등의 배수배관 내의 체류나 막힘을 방지하기 위하여 디스포저 운전 정지 후에도 디스포저 회사에서 제시하는 소정의 급수량 · 급수시간으로 급수를 계속한다.

3) 음식물쓰레기 투입 방법 준수

디스포저 파쇄실로 음식물쓰레기의 투입은 디스포저의 파쇄 능력에 맞는 적정한 양으로 한다. 연속식 디스포저에 음식물쓰레기를 모아두고 작동시키는 경우 음식물쓰레기의 양이 너무 많거나 강하게 밀어 넣어 고장을 일으키는 경우가 발생한다.

디스포저의 무리한 작동을 피하기 위해서는 하루 동안 발생하는 음식물쓰레기를 모아서 처리하는 것보다는 발생할 때마다 처리하는 것이 바람직하다.

달걀껍질, 조개 등도 디스포저로 처리할 수 있지만 트랩 저부나 배수횡관 등에 침전 혹은 체류하기 쉽기 때문에 투입하지 않는 편이 바람직하다.

디스포저에 의한 파쇄가 곤란한 것, 파쇄할 수 없는 것, 디스포저를 파손시킬 우려가 있는 것은 투입하지 않는다. 디스포저에 파쇄물이나 처리대상 외 물질 등이 맞물림을 일으켰을 경우에는 안전을 확보한 다음 제거한다.

4) 디스포저 본체 및 부속기기의 유지관리

디스포저 내부 및 트랩 등의 부속은 정기적으로 적절한 방법으로 세정을 실시한다.

중성세제를 사용해 내부의 세정을 실시한다. 파쇄실 내벽이나 바닥 등에 디스포저 오수가 강하게 부착되어 있는 경우에는 얼음(ice cube)을 적당량 투입하고 디스포저를 작동시켜 내부의 세정을 실시한다. 디스포저 전원을 끄고 Splash guard나 바스켓 등을 분리하여 뒤편이나 파쇄실 내부를 브러시나 스펀지 등으로 세정한다[그림 5-15].

트랩 등의 부속이나 접속되는 배수 횡지관은 1주일에 1회 정도 배수 세정을 몇 차례 실시한다.

디스포저의 보수점검을 정기적으로 실시하고 열화 · 손상이 심한 부품은 적절하게 교환한다.

- Splash guard의 열화
- 싱크대 플랜지나 배수구, 디스포저 투입구의 구경 조정용 접속부에 사용되는 개스킷의 열화
- 디스포저 설치 부분의 느슨함으로 인한 누수, 소음, 진동 발생

디스포저의 유지관리를 실시하는 경우나 디스포저 내부에 손 등을 넣는 경우에는 반드시 디스포저의 전원을 끄고 나서 실시한다.

Splash guard

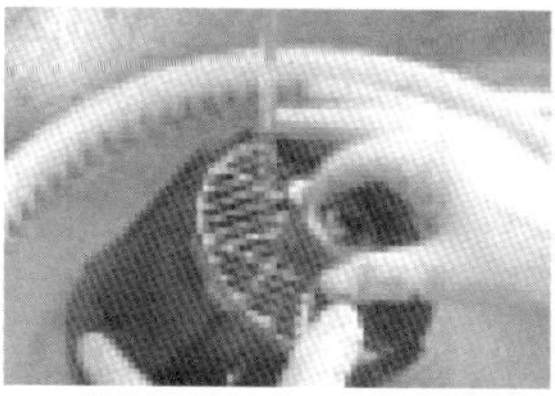
바스켓 세정

【그림 5-15】 Splash guard와 바스켓 세정의 예

5.7 배수관 유지관리

1) 일반 사항

디스포저 전용 배수관의 유지관리는 건물의 유지관리조합 및 관리회사와 세정업사가 유지관리 계획을 입안하고 정기적인 점검이나 청소를 실시하여야 한다. 배수배관의 유지관리 범위는 디스포저 배수트랩 후반부의 청소구로부터 배수 횡지관, 배수 입관, 배수횡주관, 옥외배수관, 점검청소구, 유입받이 및 배수처리조로부터 바로 옆 방류까지 배수처리조부터의 배기·환기관으로 한다.

디스포저 유지관리 계획 입안 중점사항은 다음과 같다.

① 디스포저 전용 배관 유지관리의 위탁을 받은 곳은 건물준공도서와 현장배관을 비교조절한다.

② 횡주관, 옥외 매설관의 배수 경사를 체크하고 데이터시트를 작성한다. 그때 작업공간 및 CCTV 투입구, 청소구 등도 함께 체크한다.

디스포저 전용 배수관은 1년에 1회 이상 관세정을 실시한다.

디스포저 전용 배수배관의 슬라임 부착 상황은 디스포저 및 부엌의 사용상황에 따라 다르지만 종래의 주방 단독배수와 비교하여 부착률이 높으므로 예방 측면에서 그 이상의 세정주기로 관세정을 실시하는 것이 바람직하다.

배수 수직관은 기본적으로 배수가 관 표면을 따라 흐르기 때문에 패쇄를 일으키는 퇴적은 일어나지 않지만 배관 표면에 슬라임과 같은 고형물이 서서히 성장해 배관의 유효지름을 작게 할 우려가 있기 때문에 배관의 세정 시 슬라임을 깨끗하게 제거해 주어야 한다. 배수 수직관에서부터 배수 횡주관을 접속하는 각부 이음매에서는 흐름이 크게 바뀌기 때문에 이음매 상부의 배관이나 이음매 표면에 파쇄물이 부착하기 쉽다.

고층 건물에서는 물과 음식물쓰레기의 낙하 속도가 다르기 때문에 음식물쓰레기가 먼저 분리되어 낙하하여 고농도의 슬러지가 축적되는 일이 많다. 따라서 각부 이음매 출구 배관 상부를 특히 세심하게 세정하는 것이 중요하다.

배수 횡주관이나 옥외 배수관에서는 관경이 커지므로 저부의 배수가 항상 흐르고 있는 부분에 달걀껍질이나 패각 등의 물질이 서서히 퇴적하고 배관 양측에도 퇴적이 발생한다. 따라서 횡주관이나 옥외배수관을 반년에 1회 세정하는 것이 바람직하다.

디스포저 오수를 일시 저장하는 중계펌프조가 있는 경우는 슬러지나 찌꺼기의 반출과 수조 내의 청소를 정기적으로 실시할 필요가 있다.

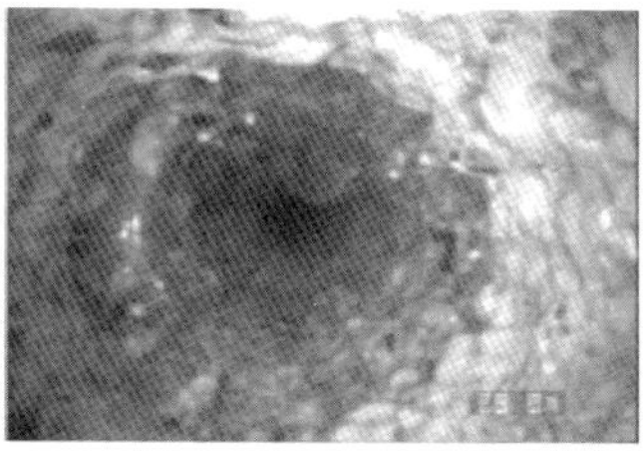

【그림 5-16】 종관 슬라임 부착

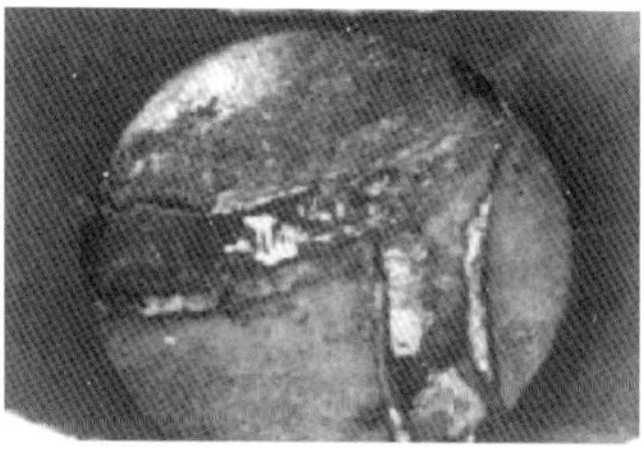

【그림 5-17】 배수받이 내 퇴적물

2) 배수관 세정방법

배수배관의 세정방법은 고압호스의 최 앞단에 설치한 세정노즐에 의해 관내벽에 고압수를 분사시켜 부착물을 탈리, 제거하는 고압세정방식으로 한다([그림 5-18]~[그림 5-20] 참조).

배관 형태, 작업 공간, 트랩 형태, 청소구의 유무, 관종, 관내의 부착물의 상태 등을 조사, 검토한 다음 세징방법과 순서를 결정한다.

배수배관의 세정 시에는 관내 부착물이나 퇴적물이 침적이 발생하기 쉬운 나음의 부위를 고려한다.

① 트랩 내부

② 배수관의 이음매

③ 배수 수직관 내부

④ 배수 수평주관 내부

⑤ 옥외배수관 직관부

세정 잔재물은 적절하게 회수, 제거하는 것을 기본으로 한다. 잔류물을 배수처리조에 유입시키는 것은 조내의 배수펌프 폐쇄나 펌프 고장의 원인이 되므로 피한다. 처리조 유입 배수받이에서 회수망을 설치하여 회수하고 소정의 처리시설에서 처분한다.

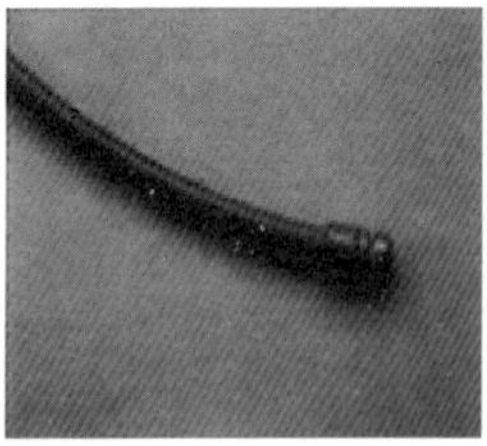

【그림 5-18】 세정노즐

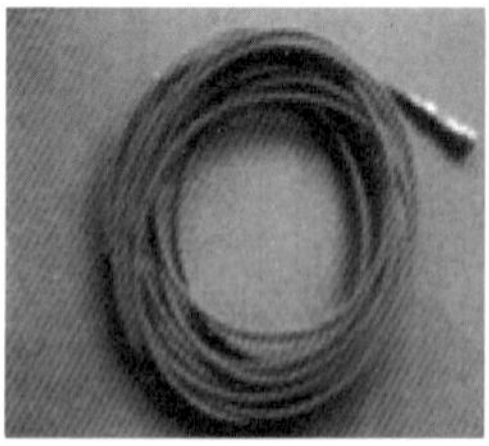

【그림 5-19】 세정호스

【그림 5-20】 고압세정차

제6장
디스포저와 하수도

6.1 디스포저와 수질오염

6.2 디스포저와 하수관거

6.3 니스포저 오수 직투입을 위한 서울시 분류식 하수관거 개축방안

6.4 디스포저 오수에 대비한 우수토실의 개선

6.5 디스포저와 하수처리장

6. 디스포저와 하수도

6.1 디스포저와 수질오염

전통적으로 음식물쓰레기는 다른 쓰레기들과 함께 혼합하여 소각 또는 매립하는 방법으로 처리하여 왔다. 선진국·후진국을 막론하고 대부분의 국가들이 여전히 그런 방식으로 음식물쓰레기를 처리하고 있고 2000년대 초반까지만 하여도 우리도 그렇게 하였다. 그러나 지금은 우리나라 전 지역이 음식물쓰레기를 별도로 분리하여 자원화하는 방법으로 처리하고 있다. 이를 위해 전용 수거 및 수송 차량이 필요하며, 전용 봉투 또는 전용 수거함을 이용하여 음식물쓰레기를 수거하고 있다.

만약 디스포저를 사용하게 되면 이상과 같은 음식물쓰레기의 흐름은 근본적으로 바뀌게 된다. 음식물쓰레기의 배출을 위해 전용 봉투나 전용 수거함, 수거나 수송을 위해 사용되던 차량들이 사라지고 하수관거가 그러한 역할을 대신하게 된다. 도로를 통해 이동하던 음식물쓰레기가 지하의 하수관거를 통해 움직인다. 문밖으로 배출하기 위해 사람이 쓰레기봉투를 들고 내어놓던 수고도 없어진다. 대신 음식물쓰레기는 하수의 수질오염물질로 그대로 전가된다.

일본으로부터 디스포저를 수입하여 우리나라 음식물쓰레기에 적용한 서울시의 연구결과는 디스포저를 이용하여 음식물쓰레기를 분쇄하는 경우 음식물쓰레기가 수질오염물질로 어떻게 변화되는가를 정확하게 보여준다.

[표 6-1]과 [표 6-2]는 디스포저를 이용한 분쇄 오수의 수질 특성으로 음식물쓰레기 100g을 분쇄하면 BOD 7.6g, SS 4.2g, COD_{Cr} 13.5g, T-N, T-P 각각 0.3g, n-Hexane 3.0g이란 수질오염물질로 전환된다. 일본의 음식물쓰레기 100g당 수질부하량보다 우리나라의 BOD, SS 등이 낮은 것은 우리나라의 음식물쓰레기 수분함량(약 80%)이 일본의 경우(약 70%)보다 높기 때문인 것 같다.

디스포저를 사용하면 사용하지 않은 경우와 비교하여 BOD는 주방 오수에서 106%, 가정 오수에서 47.5% 정도 증가가 예상된다. 일상적인 생활 오수의 수질부하는 일본에서는 1인당 수질부하(BOD 기준)가 주방 오수 18g, 목욕 · 세면수 9g, 화장실 세정수 13g 등 총 40g이다. 1인당 음식물쓰레기의 발생량을 250g/일로 볼 때 디스포저를 사용하면 100g당 7.6g의 BOD가 디스포저 오수에 의해 추가되므로 1인당 19g이 늘어나 주방 오수의 BOD 부하가 종전 18g/인 · 일에서 37g으로 늘어나고 총 가정 오수 BOD 부하도 기존 40g/인 · 일에서 59g으로 증가한다.

[표 6-3]은 디스포저를 사용한 경우 가정 오수의 부하량 변화를 외국과 서울시의 사례를 이용하여 비교하고 있다. BOD의 경우 서울시의 증가량은 미국 환경보호청(EPA)과 유사하며 여러 비교자료 중에서도 대체로 낮은 편에 속한다. 비록 서울시의 분석에서는 SS의 변화를 보

여주지 않고 있지만 BOD가 증가한 만큼의 수준에서 SS도 증가하고 있음을 알 수 있다.

【표 6-1】 일본과 서울시의 음식물쓰레기 분쇄 오수의 수질부하 비교

(단위: g/100g)

항목		SS	BOD	COD_{Mn}	COD_{Cr}	T-N	T-P	n-Hex
일본	범위	8.1~15.0	8.2~11.4	5.2~12.6	-	0.2~0.7	0.0~0.1	1.0~1.8
	평균	11.0	10.0	8.1	-	0.5	0.1	1.4
서울시	범위	4.0~4.3	6.7~9.3	-	12.2~14.8	0.2~0.5	0.2~0.3	1.0~4.5
	평균	4.2	7.6	-	13.5	0.3	0.3	3.0

출처 : 서울특별시(2009)

【표 6-2】 디스포저 사용에 따른 가정 오수의 BOD부하 변화

구분	오물 디스포저 미사용 (g/인/일, 일본)	오물 디스포저 사용 (g/인/일)	증가량 (%)
주방오수	18	37(=18+19)	+106
목욕·세면수	9	9	0
화장실 세정수	13	13	0
계	40	59(=40+19)	+47.5

주 : 디스포저 오수의 1인당 BOD = 7.6g/100g × 250g = 19g
출처 : 서울특별시(2009)

【표 6-3】 디스포저의 사용에 따른 가정 오수의 BOD와 SS 증가량 비교

(단위 : g/인·일)

연구기관	연구기간	BOD 증가량	SS증가량
위스콘신대학	1976~84	54~62	-
미국환경보호국	1980	18	26.5
미국국립위생재단	1966	23.2	28.9
프랑스에서의 연구	1986	31	34
슈투트가르트대학	1984	10.4	20.8
루트공업대학	1990	30	34
서울특별시	2008	19	-

출처 : (財)日本建築センター(1999), 서울특별시(2009)

6.2 디스포저와 하수관거

가정, 공장, 사업장에서 쓰고 난 후에 버리는 오수와 폐수, 빗물을 통칭하여 하수라 한다. 이런 물을 그대로 흘러보내면 강과 바다가 오염되고 물고기도 살 수 없으며, 종국에는 우리의 건강과 생명도 위협받게 된다. 하수도는 이런 하수가 흘러가는 말 그대로의 물길(道 또는 하수관거)과 하수처리시설로서, 하천이나 강이 폐수로부터 오염되는 것을 막아준다. 수해예방도 하수도의 중요한 기능 중 하나이다. 하수도는 빗물을 하수관거에 모아 신속하게 운반하므로 비가 많이 오더라도 도로와 주택가에 빗물이 고이지 않게 한다. 하수도가 없다면 우리가 가정에서 편리하게 이용하는 수세식 화장실의 사용도 불가능하다. 수세식 화

장실 이전에 사용하던 재래식 화장실(일명 수거식 화장실. 공원 등지에는 여전히 사용되기도 함)은 위생적이지 못하고 도시 악취의 원인이 되었다. 하수도가 보급되면서 분뇨는 별도의 정화조 없이 하수처리장으로 운반할 수 있게 되었고, 관거가 불완전하여 정화조와 같은 고형물과 액체를 분리하는 정화시설을 설치하는 경우에도 수거식 화장실보다 위생적인 조건에서 운영되고 있다. 이렇게 하수도는 위생 보장, 수해 예방, 강과 바다의 정화라는 복합적 기능을 훌륭하게 수행함으로써 궁극적으로 우리의 주거환경을 깨끗하게 유지해주고 쾌적한 도시생활을 보장하고 있는 것이다.

(http://nongae.gsnu.ac.kr/~junil/hasu1.html)

【그림 6-1】 하수도의 다양한 역할 예

하수관거는 물길 역할을 담당하는 하수도의 일부로 하수처리장까지 또는 방류 수역까지 가정, 사업장, 공장 등에서 발생하는 오폐수와 오수를 운반하게 된다. 하수관거는 크게 관거와 펌프장으로 구성되며, 관거는 다시 관로, 오수받이, 우수받이(또는 빗물받이), 맨홀, 우수토실, 토구, 연결관 등으로 구성된다.

하수관거는 빗물과 오수의 분리 여부, 하수관거의 배치, 하수의 운반 동력에 따라 다시 분류된다. 우선 빗물과 오수의 분리 여부에 따라서는 분류식과 합류식으로 구분된다. 분류식은 빗물과 오수를 별도로 모으고 운반하는 하수관거이고 합류식은 하나의 관을 이용하여 모으고 운반하는 형태이다. 이론적으로 분류식이 하수처리시설의 설치비와 운영비 절감에 유리하기 때문에 분류식 하수관거를 선호한다. 그러나 안산시, 화성시, 과천시 등 우리나라에서 11개 시군구 지역을 제외하고는 온전한 분류식 지역이라고 부를 만한 지역이 없다. 오히려 과거의 합류식 관거를 기본으로 하면서 새로운 개발 지역 또는 기존 지역의 재개발 지역에 분류식 하수관거를 설치함으로써 합류식 관거에 분류식 하수관거가 연결되는 합병식이 90% 정도로 수도 서울을 포함하여 부산시, 대구시 등 우리나라 대부분 지역이 이러한 잘못된 형태에 해당한다[표 6-4].

즉 분류식 관거정비지역이지만, 그 지역 공공 하수처리시설이 없이 합류식 관거지역으로 연결되어 하수처리장에서 처리하여 공공수역으로 방류하고 있는 지역에서는 반드시 별도의 하수처리시설을 건설하여야 하지만 시정책, NIMBY 현상, 부지 확보 곤란 등으로 인해 하수처리시설이 부재한 실정이다. 강우 시 분류식 관거정비지역의 오수가 제대로 하수처리장으로 유입·처리되어 공공수역으로 방류되어야 한다.

따라서 분류식 관거정비지역이지만 NIMBY 현상, 발생하수량보다 기존 시설용량이 큰 경우, 부지 확보 곤란 등으로 인하여 신설하수처리시설 건설이 불가능한 경우 오수 전용관거를 신설 정비하여 1년 내내 오수가 하수처리장으로 유입될 수 있는 대안 마련이 필요하다.

【표 6-4】 하수관거 보급현황

(단위 : km)

구분		1999	2000	2001	2002	2003	2004	2005	2006	2007
계획연장		103,280	107,623	112,567	116,141	119,521	120,814	125,709	127,980	130,774
시설연장	총계	64,741	68,195	71,839	75,859	78,905	82,214	85,755	91,098	06,280
	합류식	41,437	42,878	44,534	45,680	46,167	47,255	48,257	48,966	49,636
	분류식	23,304	25,317	27,305	30,179	32,438	34,959	37,498	42,132	46,643
하수관거 보급률		62.7	63.4	63.8	65.3	65.8	68.1	68.2	71.2	73.6

출처 : 2007 하수도통계(2008, 환경부)

차집식, 선형식, 평행식은 하수관거의 배치 형식에 따른 분류이다. 차집식은 오수관거의 말단에 직각으로 대형차집관을 설치하여 오폐수를 하수처리장이나 방류수역으로 이동시키는 관거 형태이며, 서울의 하수처리시설들은 이러한 방식으로 이송된 오폐수를 처리하고 있다.

선형식은 한 방향으로 도시가 경사져 있거나 오폐수를 한 곳으로 집중시켜야 하는 경우 사용하는 하수관거의 배치 형식이다. 평행식은 지형적으로 고도가 현저히 다른 곳에 도시가 형성되어 별도의 하수관거를 이용해야 하는 경우에 채택하는 방식이다. 이외에 맨홀과 펌프시설을 이용하여 수위차를 형성하고서 중력으로 오폐수를 운반하는 자연유하식, 진공을 이용하여 오폐수를 운반하는 진공식, 관거 곳곳에 그라인더 펌프를 설치하여 오폐수를 가압방식으로 밀어 운반하는 압력식 등이 있다. 이는 하수의 운반동력을 기준으로 분류한 경우이다.

이렇듯 여러 분류 기준이 있지만 실제 하수도정책을 결정할 때 중시하는 것은 빗물과 오수의 배제 방식, 즉 합류식 또는 분류식이 된다. [표 6-5]와 같이 분류식과 합류식은 오폐수의 정화 및 관거의 유지관리 측면에서 상호 장단점이 있고 실제로 설계와 유지관리에 직접적으로 영향을 미친다.

또한, 분류식 관거정비지역에서 발생되는 오수는 발생원에서 자연유하 또는 펌프시설로 인하여 하수처리장에서 오수만 처리하여 공공수역으로 방류하여야 한다. 그러나 우리나라의 하수처리는 90% 정도가 합병식으로서 분류식 관거의 장점을 살리지 못하고 있다. 원칙적으로 분류식 관거지역에서는 차집관거가 없어야 한다.

【표 6-5】 분류식 하수관거와 합류식 하수관거의 특징

분류식	합류식
• 모든 오수를 하수처리장에서 처리할 수 있다. • 오염물질의 관거내 퇴적이 적다. • 토사 유입이 적다. • 초기 빗물에 포함된 지상 오염물질은 처리할 수 없다. • 우천 시 자연세척이 없어 청소 빈도가 많다. • 오접합의 우려가 있다.	• 초기 빗물에 포함된 빗물의 처리가 가능하다. • 우천 시에 다량의 빗물로 관을 세척한다. • 오접합의 우려가 없다. • 일정량이 이상의 강우에 오수가 자연수계로 월류한다. • 청천 시에는 낮은 수위와 유속으로 오염물질이 관내에 퇴적하기 쉽다. • 우천 시에 다량의 토사가 유입될 수 있다.

분류식이든 합류식이든 모든 하수관거는 토사나 부유성 오염물질의 퇴적을 방지할 목적으로 오폐수가 흘러가는 방향이 낮아지도록 경사를 확보해야 하며 미국의 합류식 하수관거 최소유속이 1초당 0.9m로 약간의 차이가 있을 뿐 일본, 미국, 우리나라의 설계 최소유속은 모두 같은 수준을 유지하고 있나. 즉, 분류식 하수관거는 1초당 0.6m, 강우 시 합류식 하수관거는 1초당 0.8m, 설계 최대유속은 1초당 3.0m인 것이다[표 6-6].

【표 6-6】 우리나라, 미국, 일본의 하수관거 유속 기준

구분		우리나라	미국	일본
설계 최소유속	분류식	0.6m/sec	0.6m/sec	0.6m/sec
	합류식	0.8m/sec	0.9m/sec	0.8m/sec
설계최대유속		3.0m/sec	3.0m/sec	3.0m/sec
최소구경		200mm(오수) 250mm(빗물, 합류)	200mm 150mm이상	200mm(오수) 250mm(빗물, 합류)
비고		하수도시설기준	토목공학핸드북	하수도 시설계획설계 지침 및 해설

디스포저를 사용하면 음식물쓰레기의 일부가 수질오염물질의 지표 중 하나인 부유성 고형물로 바뀐다. 서울시의 예를 볼 때 100g당 4.2g의 부유성 고형물(SS)이 형성된다고 [표 6-1]을 이용하여 소개한 바 있다. 대부분의 지역에서 디스포저를 사용하는 미국의 하수관거유속이 우리와 유사하다는 것은 기준만 준수하여 하수관거가 설치하고 운영된다면 디스포저를 사용하여도 침전 등에 의한 관의 단면 축소와 부패에 따른 악취 발생 등은 없을 것으로 기대할 수 있다. 그러나 하수관거를 들여다보면 하수관거의 그른 접합, 관거의 파손 및 부등침하, 가스관 등의 관통, 과도한 토사 유입 등에 의해 하수의 흐름이 지장을 받고 건설 당시의 설계 조건을 만족시키지 못하는 지점이 다수 있다고 한다. 이러한 지점이 존재한다는 것은 음식물쓰레기를 디스포저를 이용해 분쇄하고 하수관거에 투입하는 경우 악취 발생, 자연수계 방류 등 환경적인 문제를 유발할 가능성을 다분히 안고 있다는 것을 의미한다. 따라서 하수관거의 상태가 이상과 같은 문제를 유발할 수 있다면 디스포저의 사용을 억제하는 것이 최선이고, 열악한 조건에서도 사용을 허용하고자 한다면 하수관거의 청소 횟수를 늘려 문제를 일으킬 가능성을 최소화하거나 반드시 개인용 하수처리시설(정화조 등)을 설치하게 하는 등의 방법을 동원할 수도 있다.

대부분이 합류식 하수관거 지역이면서 분류식 하수관거의 경우에도 하수처리장에 가까워지면서 합류식 하수관거와 합쳐지는 합병식 지역이 대부분인 서울시의 디스포저 분쇄 오수 직투입 가능성 검토 과정은 우리나라 하수관거가 디스포저의 사용에 어느 정도 불리한 여건인가를 잘 보여준다. 디스포저를 이용하여 분쇄된 음식물쓰레기가 하수처리장에 도달하기 위해서는 바로 공공하수관거를 통과해야 한다. 즉, 유하 과정에서 관거 내에 퇴적이 일어나게 되면 평시에는 악취를 발생시키고 비가 올 때는 초기 우수처리 능력을 넘는 강우와 함께 공공 수역에 방류되어 수질오염원으로 작용할 수 있다. 실제로 서울의 하수관거에서는 디스포저의 사용이 금지되어 있는 상태에서도 평시에 악취가 발생하거나 강우 시에 지천 물고기들의 떼죽음을 유발하는 경우가 가끔 있어 왔다. 따라서 미국과 같이 가정에서 오물 디스포저를 사용하고 분쇄오수를 공공하수관거에 직접 투입하기 위해서는 다음과 같은 3가지의 조건을 만족해야 관거 퇴적에 따른 악취 발생, 강우 시 공공수역 오염방지 및 물고기 집단 폐사 등의 문제를 막을 수 있다. 첫째, 어떤 배수구역의 하수가 차집관거의 우수토실을 거치지 않고 하수처리장에 도달할 수 있어야 한다. 둘째, 디스포저를 사용하는 주택 앞의 공공하수관거가 적정 경사를 유지하여 하수처리장까지 청천 시 1초당 0.6m 이상의 유속으로 흘러야 한다. 셋째, 어떤 배수구역의 하수가 하수중계펌프장을 통과하지 않아 펌프장에 음식물쓰레기 분쇄물이 퇴적하지 않아야 한다. 서울의 4개 하수처리권역인 서남처리구역, 탄천처리구역, 중랑처리구역, 난지처리구역 중 난지처리구역은 검토에서 가장 먼저 제외되었다. 그 이유는 난지하수처리장으로부터 약 5km 상류에 1일 50만㎥를 양수하는 2기의 중계펌프장이 위치하여 모든 배수구역이 셋째 조건에 해당되기 때문이다. 차집관거의 우수토실을 지나지 않는 배수분구는 [그림 6-2]에서 몇 개소의 예를 보여주듯 서남처리구역의 가양배수분구, 내발산배수분구, 방화1배수분구, 탄천처리구역의 일원분구, 대치분구, 도곡분구, 양재분구, 중랑처리구역의 장안분구가 해당된다. 그렇지만 우수토실을 지나지 않는 배수분구 중에서도 1초당 0.6m 이상의 유속을 유지하고 하수처리장까지 도달하는 곳은 [그림 6-3]과 같이 탄천처리구역 양재배수분구의 극소수 아파트단지 및 단독주택 지역뿐이다. 사실상 현재의 서울의 하수관거체계는 디스포저를 이용하여 분쇄된 음식물쓰레기의 이송에 적합한 성능을 갖추었다고 보기 어렵다.

1) 방화1배수분구

【그림 6-2】 차집관거 우수토실을 지나지 않는 서울하수배수분구 예

2) 대치배수분구

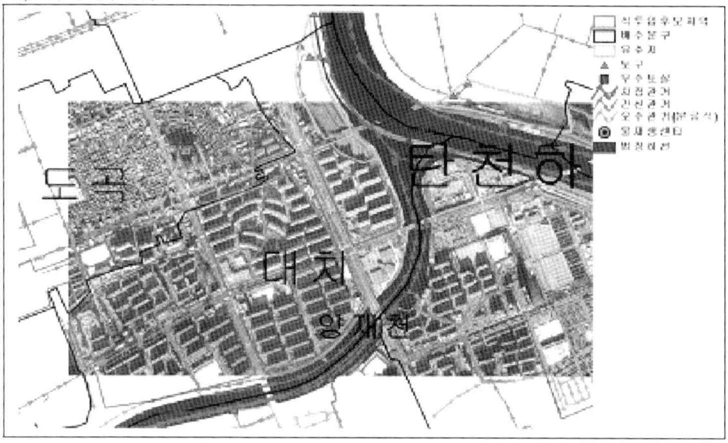

3) 장안배수분구

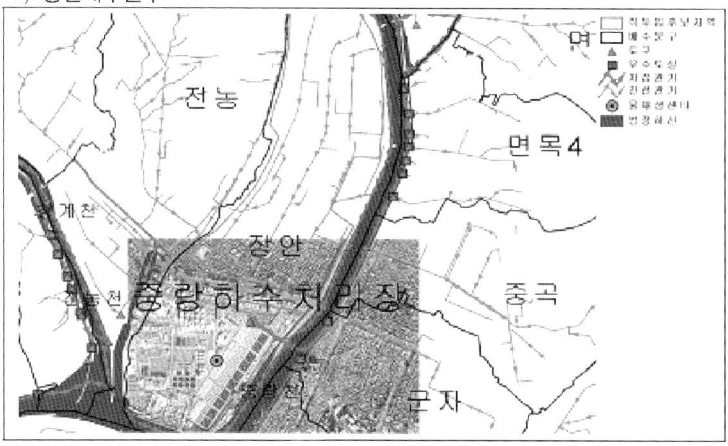

【그림 6-2】 차집관거 우수토실을 지나지 않는 서울하수배수분구 예(계속)

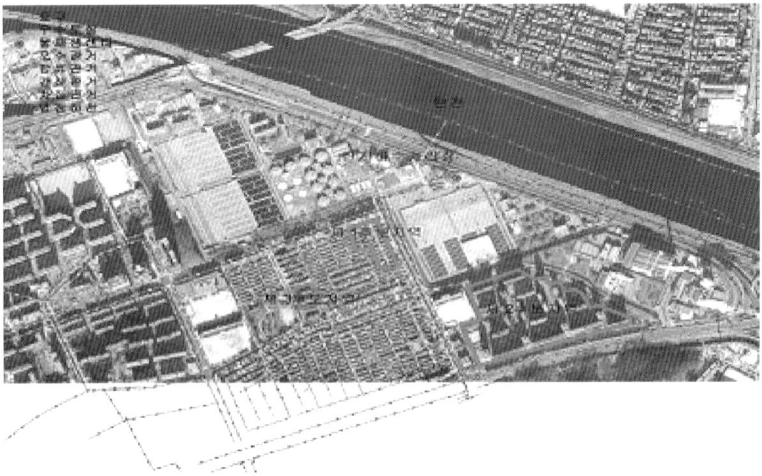

【그림 6-3】 1초당 0.6m 이상의 유속을 유지하는 서울시 하수관거지역

6.3 디스포저 오수 직투입을 위한 서울시 분류식 하수관거 개축방안

1) 서울시 하수관거 현황

2007년 기준 서울시 하수관거는 총 10,261㎞로서 간·지선관거 9,818㎞, 차집관거 443㎞로 이루어져 있다. 간·지선관거 중 8,812㎞(86%)가 합류식이며 분류식관거는 1,448㎞(14%)로서 그 중에서 우수관은 566㎞, 오수관은 882㎞이다. 또한, 4개 물재생센터의 차집관거 길이는 [표 6-7]과 같이 중랑 171㎞, 탄천 87㎞, 서남 91㎞, 난지 94㎞로 총 443㎞이다.

【표 6-7】 서울시 하수처리사업소 차집관거 현황(2007년 기준)

처리장	차집관(m)			우수토실(개소)
	계	측구		
		사각형	원형	
합계	443,169	264,857	178,312	1,326
중랑	171,416	92,659	78,757	757
탄천	87,069	25,976	61,093	130
서남	90,740	69,715	21,025	191
난지	93,944	76,507	17,437	248

출처 : 2007 하수도통계(2008)

서울시는 4개의 대규모 물재생 센터로 구성되어 있어 강우 시 분류식관거정비의 의미가 없다. 따라서 우선 분류식관거정비지역 중에서 탄천 및 서남물재생센터 처리구역에 대한 오수 전용관로를 별도로 신설하게 되면 디스포저 오수를 직투입할 수 있다고 판단된다.

따라서 서울시의 경우 86%가 합류식, 분류식이 14%로 정비되어 있으나 분류식 정비 지역에 별도의 하수처리장이 없이 합류식 관거정비지역으로 연결되어 처리하여 공공수역으로 방류하고 있다. 한편, 서울시 4개 물재생 센터의 시설용량은 581만㎥/일이지만 평균 유입하수량은 2009년 현재 430만㎥/일 정도로 시설용량이 151만㎥/일의 여유가 있다. 그러나 2002년 <하수도정비기본계획보고서(변경)>에서 제시된 하천 상류의 중·소규모 하수처리장 신설은 부지 확보 및 NIMBY 현상 등의 문제로 쉽지 않은 것으로 판단된다. 분류식 관거 지역에서의 효율적 하수처리를 위해서는 [그림 6-4] 및 [그림 6-5]와 같은 한강 남단 지역의 탄천 및 서남하수처리장(현 물재생센터)의 오수 전용관거 설치를 제안한다.

또한, 탄천 및 서남물재생센터의 배수분구, 대상면적, 인구, 계획오수관거 연장을 나타내면 [표 6-8]과 같다.

개수분구별 자연 유하관과 압송관에 대한 단면과 유속 비교는 [표 6-9]와 같다. 하수관거의 포설은 장기적인 유지관리를 고려하여 일반적으로 자연 유하방식이 원칙이다. 단 너무 관거의 토피가 깊게 되면 공사비가 많이 들고 비경제적이다. 이와 같이 조건에 따라서 다르지만 토피 7~10m 정도 되면 중계펌프장(양수펌프장)을 설치하여 일단 양수하여 다시 자연유하하는 방식이 취해지고 있다.

물리적으로 펌프압송펌프인 경우 경사가 많으며 지반이 단단하고 지하 매설물이 많은 도로에 좁고 깊게 굴착하는 것이 곤란한 경우 채택하는 것이 보통이다. 자연유하방식과 비교하여 확실하게 유리하다고 판단된다. 또한, 관거의 파손을 생각하면 1本管(단관)이 아니고 2本管으로 하는 것이 바람직스럽다. 특히 일본에서는 지진이 자주 발생하고 있어 2本管으로 하고 있다. 일반적으로 자연 유하방식으로 할 것인지 펌프 압송방식으로 할 것인지는 지형 조건, 지반 조건, 사회 조건, 공기(工期), 공사비, 유지관리비의 경제성 등을 비교하여 유리한 방식을 채택한다.

펌프압송인 경우 압송관의 설계 유속은 구경(口徑)에 따라 1.0~

1.5m/s의 범위로 하는 것이 바람직스럽다. 이것은 이 이상의 유속이 되면 관거의 마찰 손실이 커져 펌프 출력이 커지면서 설비용량 및 전력소모비가 많아진다.

반대로 유속이 낮아지면 설계 유속은 시간 최대량의 범위에서 진행되기 때문에 일 최대량이나 야간유량일 때 관내 유속이 떨어져 모래 등의 침전, 퇴적의 원인이 된다. 또한, 압송 관경이 커지면 관연장이 긴 경우 압송관의 포설비가 비싸며 비경제적이다.

이상의 검토 결과에서 알 수 있듯이 지반조건 등에 따라 자연유하방식, 펌프압송방식을 병용하면서 채택하는 것이 바람직스럽다.

2) 관거구경의 설정 조건 및 유량계산

(1) 설정 조건

- 간 최대오수량 : 450L/(명·일) (영업, 지하수 포함)
- 자연유하관
  - 관종 : 콘크리트관
  - 유량계산식 : 마닝식
  - 조도계수 : 0.013
  - 관거의 여유 : 1500mm 이하 50% 기준, 1650mm 이상 30% 기준

- 압송관
  - 관수(管水) : 2本管
  - 압송관 유속 : 1.5m/s 이하를 기준

(2) 관거 계통

서울시 일반시설 평면도에 나타난 관거 계통에서 배수분구의 계통을 파악했다.

(3) 관거 구경

각 배수분구의 오수량 유입 지점은 해당 배수분구의 최하류 지점으로 했다.

(4) 유량계산표

(1)에서 3의 조건 아래에서 유량계산을 실시해 관거 구경을 산출했다.

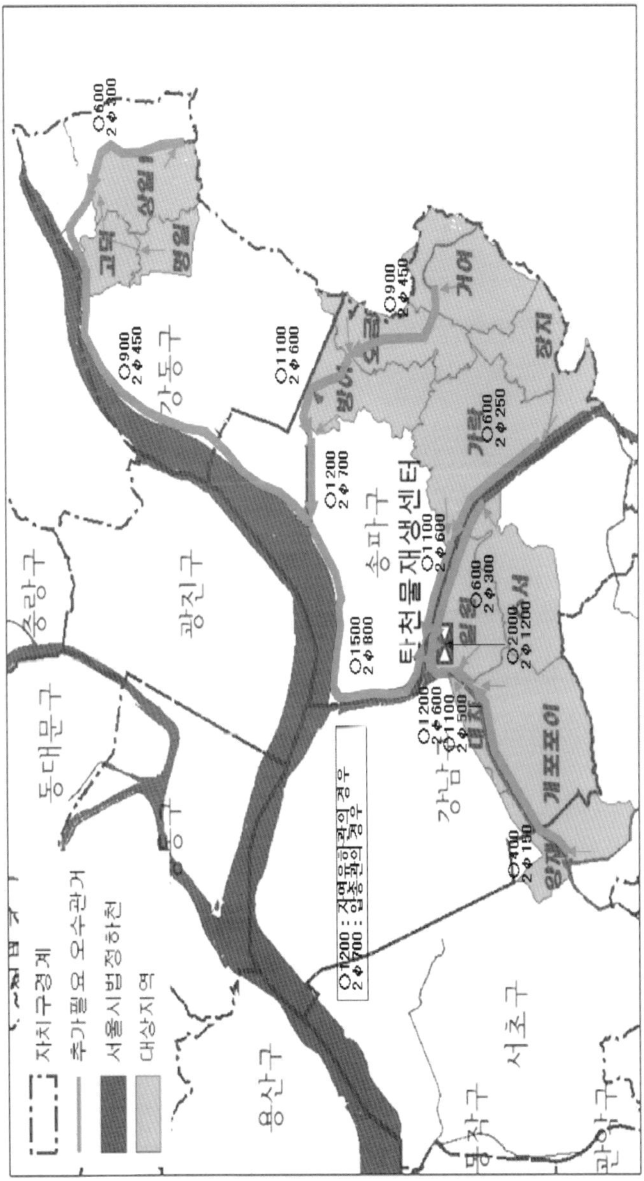

【그림 6-4】 탄천물재생센터의 분류식관거정비의 오수전용 관로설치 가상도

【그림 6-5】 서남물재생센터의 분류식관거정비의 오수전용관로 설치 가상도

【표 6-8】 탄천 및 서남물재생센터의 배수분구, 대상면적, 인구, 계획오수관거 연장

물재생 센터	대상 사업군	배수 분구	대상면적 (ha)	대상면적/ 배수분구면적	인구(인)	계획오수관거 연장(m)	비고
탄천	성내	방이	286.17	100%	48,864	11,736	5,781m 고덕과 동일관
		오금	274.40	100%	56,280		
		거여	365.86	100%	88,665		
		소계	926.43		193,809		
	고덕	고덕	138.76	100%	19,059	17,225	5,781m 성내와 동일관
		상일1	268.48	100%	35,398		
		명일	114.84	50%	22,922		
		소계	522.08		77,379		
	가락	가락	540.11	100%	108,968	3,317	
		장지	307.90	100%	25,184		
		소계	848.02		134,152		
	양재	대치	73.68	100%	23,721	915	876m 일원 및 개포포이와 동일관
		양재	97.72	40%	9,856		
		소계	171.39		33,577		
	개포포이	개포포이	680.34	100%	79,964	5,245	일원 2,066m, 양재 876m 동일관
	일원	일원	281.00	100%	52,588	2,656	2,066m 개포포이, 876m 양재, 590m 수서 동일관
	수서	수서	327.08	100%	32,786	2,659	590m 일원과 동일관
서남	목동	목동3	147.37	46%	44,968	9,926	3,977m 내발산과 동일관
		목동2	284.55	100%	71,156		
		소계	431.92		116,124		
	내발산	내발산	343.04	100%	77,230	3,977	3,977m 목동과 동일관

【표 6-9】 배수분구별 자연유하관과 압송관의 단면과 유속비교

■ 자연유하관 / ■ 압송관(2조)

물재생센터	대상사업군	배수분구	대상면적(ha)		대상면적/배수분구면적	인구(명)		시간최대오수량		단면(mm)	경사(‰)	유속(m/s)	능력(m^3/sec)	계획오수관거연장(m)	비고	압송관(2조)	단면(mm)	유속(m/s)
			단독	체가		단독	체가	m^3/sec	m^3/min									
	고덕	上-1	268.48	268.48	96.90%	35,398	35,398	0.164	11.040	○600	2.2	1.02	0.288	17,225		2	○300	1.30
		명일	114.84	383.32	49.70%	22,922	58,320	0.304	18.240	○800	1.8	1.12	0.561	17,225		2	○400	1.21
		고덕	188.76	522.08	100.00%	19,059	77,379	0.403	24.180	○900	1.7	1.17	0.746	17,225	6.78m고덕과 동일관	2	○450	1.37
			장내 방어와 합류															
	성내	거여	365.86	365.86	97.70%	88,665	88,665	0.452	27.720	○900	1.7	1.17	0.746	11,736		2	○450	1.45
		오금	274.4	640.26	96.70%	56,280	144,945	0.755	45.300	○1,100	1.5	1.26	1.197	11,736		2	○600	1.34
		방이	286.17	926.43	100.00%	48,864	193,809	1.009	60.5	○1,200	1.5	1.34	1.510	11,736	6.78m성내와 동일관	2	○700	1.31
		탄천STP로 유입	0	1,309.75		0	252,129	1.313	78.8	○1,500	1.2	1.39	2.449		고덕과 합류	2	○800	1.31
	가락	장지	307.9	307.9	98.70%	25,184	25,184	0.131	7.860	○600	2.2	1.02	0.288	3,317		2	○250	1.33
		가락	540.11	848.01	100.00%	108,968	184,152	0.699	41.940	○1,100	1.6	1.26	1.197	3,317		2	○600	1.34
			탄천STP로 유입															
	개포포이	개포포이	680.34	680.34	100.00%	79,694	79,694	0.416	24.960	○900	1.7	1.17	0.746	5,245	일원과 개포포이를 개포포이로 유입	2	○450	1.31
			양재 대치로 유입															
	양재	양재	97.72	97.72	40.2%	9,856	9,856	0.051	3.050	○400	2.8	0.88	0.110	915		2	○150	1.44
		대치	73.68	861.74	37.00%	23,721	113,541	0.591	35.460	○1,000	1.6	1.22	0.969	915	876m 일원, 개포포이와 동일관	2	○500	1.50
			일원으로 유입															
	일원	일원	281	1,132.74	100.00%	52,588	166,129	0.865	51.900	○1,200	1.2	1.29	1.459	2,656	2,066m 개포포이, 876m 양재, 590m 수서 동일관 대치 유입	2	○600	1.53
			탄천 STP로 유입															
	수서	수서	327.08	327.08	100.00%	32,786	32,786	0.171	10.260	○600	2.2	1.02	0.266	2,659	500m 일원과 동일관	2	○300	1.21
			탄천 STP로 유입															
	탄천물재생센터		0	3,617.58		0	585,196	3.048	182.880	○2,000	0.9	1.45	4.567			2	○1,200	1.35
서남	목동	목동8	147.37	147.37	46.10%	44,968	44,968	0.234	14.040	○700	2.0	1.08	0.414	9,926	3,977m 내발산과 동일			
		목동2	284.55	284.55	100.00%	71,156	71,156	0.371	22.260	○800	1.8	1.12	0.561	9,926		2	○400	1.48
		소계	431.92	431.92		116,124	116,124	0.605	36.300	○1,000	1.6	1.22	0.959	9,926		2	○500	1.54
	내발산	내발산	343.04	343.04	100.00	77,230	77,230	0.402	24.120	○900	1.7	1.17	0.746	3,977	3,977m 목동과 동일	2	○450	1.26
	서남물재생센터		774.96	774.96		193,354	193,354	1.007	60.420	○1,200	1.5	1.34	1.510			2	○700	1.31

6.4 디스포저 오수에 대비한 우수토실의 개선

일본에서는 공공하수도가 정비되어 사용 개시가 공포되면 합류식 지역인 경우에도 3년 이내에 의무적으로 정화조를 폐지하는 것으로 되어 있다. 하수도와 수세화는 일체로 추진된다. 합류식이라도 하수관거는 처음부터 분뇨를 직투입하는 것을 전제로 하여 건설되며, 하수관거의 경사나 연결부 등은 특히 엄밀한 시공과 검사가 수행된다. 물론 하수도 계획구역 외나 구역 내에서 당분간 하수관거가 시공되지 않은 구간에서는 수세화를 위해 정화조가 설치되는 일이 많다. 그러나 관거가 시공되어 공용개시의 고시가 있으면 정화조는 철거되고 잡배수와 같이 수세식변소로부터의 오수도 직접 하수관에 유입시키는 것이 특징이다.

그러나 우리나라의 경우 합류식관거인 경우 반드시 정화조를 설치하게 되어 있어 서울시의 경우 2006년 12월 31일 기준으로 단독정화조 631,301기, 오수정화시설이 3,457기 설치되어 있어 악취 발생, 유지관리 등의 문제가 야기되고 있다. 그 이유는 관거가 개거나 측구로 되어 있는 경우와 차집관거를 원칙적으로 도로 밑 제내지(堤內地)에 설치하여야 하지만 하천변에 설치함으로써 [그림 6-6]과 같이 우수토실, 우수토구로부터 하수의 흐름이 보이며 악취를 발생함으로써 생태하천으로 조성되고 있는 하천들이 시민들에게 악취 및 미관상 혐오감을 주고 있다.

【그림 6-6】 우수토실, 우수토구의 예

우수토실은 [그림 6-7]과 같이 합류식 하수도에 있어서 우천시 하수를 일정량까지는 차집관거를 거쳐 하수처리장에 이송하며, 일정량 이상은 분리하여 직접 하천 등의 공공수역에 방류하기 위한 빗물 Weir 등의 시설이다. 반면에 우수토구는 하수도시설로부터 처리수나 빗물을 공공수역에 방류하는 방류구의 시설로서 기능적으로 차이가 있으나 우리나라에서는 우수토실과 우수토구가 함께된 형식이 많아 양자의 구별이 되지 않고 있다.

우리나라의 하천 고수부지는 시민에게 개방되어 자전거도로, 산책길이 되어 있는 곳이 많다. 여기를 사이클링이나 산책하는 사람들에 대해서 큰 통로가 보이므로 미관상·안정상, 또 악취의 문제가 있어 많은 개선이 필요하다. 토구는 그대로 하천 고수부지까지 연결되어 있다. 따라서 우수토실을 [그림 6-8]과 같이 도로 밑(제내지)으로 옮기면서 우수토실 내의 하수의 흐름이 보이지 않는 시스템을 도입하게 되면 악취해소, 생태하천으로의 기능을 충분히 발휘할 것으로 기대된다.

이 때의 유의사항으로서 협잡물이 우수토실을 통해 공공수역으로 유출되는 것을 억제하기 위해 메쉬 상태인 [그림 6-9]와 같은 동력 및 무동력

여과스크린 및 와류식 수면제어장치를 설치하게 되면 협잡물 및 디스포저 오수 등의 합류하수가 공공하수도를 거쳐 하수처리장으로 유입 · 처리되면서 합류식하수도의 우수토실 개선 · 협잡물 삭감대책이 가능해질 수 있다.

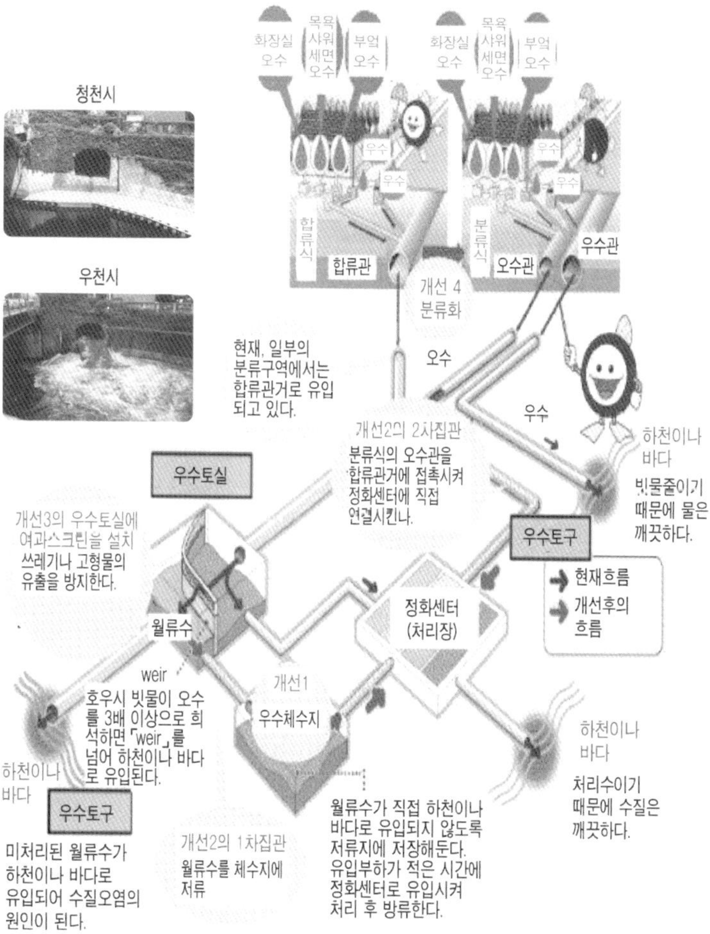

【그림 6-7】 일본의 하수도시설 모식도

이 경우 합류식관거에서의 강우 시의 월류수 CSOs(Combined Sewer Overflows) 문제가 거론될 수 있으나 미세스크린 설치, 우수체수지 설치 등의 시스템 도입으로 비점오염부하 삭감이 필요하다. 또한 우천 시 하수관거를 통해 유입된 3Q 유량 중에서 2Q 유량을 [그림 6-10]과 같이 우천 시 활성슬러지공법으로 처리하게 되면 BOD 및 SS 수질농도도 10mg/L 미만으로 방류가 가능한 것으로 확인되어 공공수역의 오염 저감은 물론 생물학적으로 전처리한 디스포저오수의 유입도 가능할 것으로 판단된다.

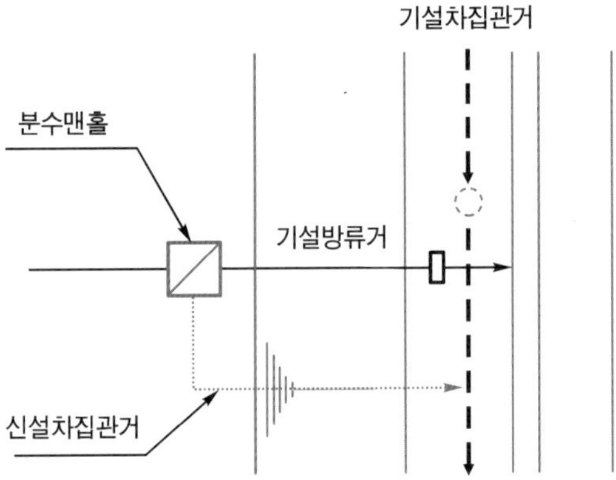

【그림 6-8】 우수토실의 개선안 개념도

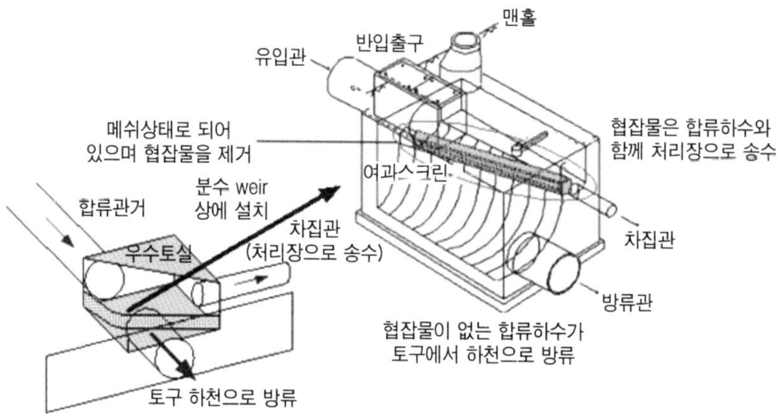

【그림 6-9】 여과 스크린의 일례

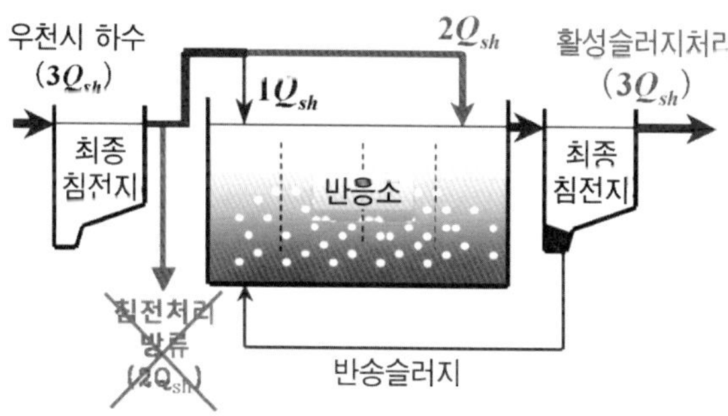

【그림 6-10】 우천시 하수활성슬러지처리법

6.5 디스포저와 하수처리장

디스포저를 이용하여 음식물쓰레기를 분쇄하는 경우, 분쇄 음식물쓰레기가 가정오수의 수질부하에 미치는 영향은 [표 6-1] ~ [표 6-3]

을 이용하여 설명하였다. 디스포저를 작동할 때는 분쇄 음식물쓰레기가 디스포저 본체나 옥내배관에서 정지하지 않도록 물과 음식물쓰레기를 함께 투입하게 된다. 이 물은 결국 하수관거와 하수처리장에 부담을 줄 수 있는 가정오수로 변하게 된다. 다행스럽게 이 양은 기존 가정용수량과 비교할 때 많지 않으며, [표 6-10]과 같이 1.7~2.8% 범위에서 증가를 야기하는 수준이다. 서울시의 조사에서 나타난 증가량도 2.5% 수준이다. 결국 하수처리장에 대한 부담은 대부분 수질부하의 증가에 따른 영향으로 생각할 수 있다.

【표 6-10】 디스포저 사용에 따른 가정용수량 변화

연구기관	미국 환경보호국	미국국립 위생재단	Bennet & Linstedt	프랑스 Rochell	프랑스 Mantes	슈투트가르트 대학	서울시
가정용수량 (L/인 · 일)	173	253	170	250	250	150	200
디스포저용수량 (L/인 · 일)	4.5	4.3	3	4.25	6.64	4.2	5
디스포저용수량 (가정용수량의 %)	2.6	1.7	1.8	1.7	2.7	2.8	2.5

출처 : 서울시립대학교 음식물쓰레기처리기술센터(2002)

일본의 국토교통성에서는 디스포저의 사용이 하수처리장에 미치는 영향을 분석하였는데, 각 단위공정에 대해 다음과 같은 영향을 제시하였다. [그림 6-10]은 옥내배관에서부터 하수처리장 슬러지의 유효 이용에 이르기까지 디스포저의 영향을 종합적으로 보여주고 있다(Ministry of Land, Infrastructure and Transport, Japan, 2005. 3).

□ 하수처리시설 최초 침전지

유입 고형물의 부하량이 증가함에 따라 최초 침전지 제거율이 증가하여 생슬러지량이 증가할 수 있다.

- 디스포저 오수의 고형물 성상에 기인하여 생슬러지의 유기물 함유량 등은 도입 전과 동등 혹은 그 이하가 된다.
- 월류할 때 협잡물이 부착하거나 슬러지 부패에 의해 스컴이 발생할 가능성이 있다.

□ 하수처리시설의 반응조 및 최종 침전지

- 유입 오염부하량의 증가 이외에 디스포저오수의 오염부하 성분 특성에 기인하여 유기물 제거율이 변화할 가능성이 있다.
- 잉여 슬러지 발생량이 증가할 가능성이 있다.
- SRT(A-SRT)가 감소하여 유기물의 제거 및 소비 반응에 영향을 미칠 수 있다.
- 필요산소량이 증가할 가능성이 있다.
- 디스포저 오수 중 고형물의 성상이 하수 슬러지의 성상에 영향을 미칠 수 있다.

□ 하수고도처리

- 질소 제거 : 질화세균의 증식에 필요한 SRT(A-ART)가 확보될 수 없게

되는 등 소화 반응에 지장을 줄 가능성이 있으며 유입 질소부하량의 증가에 비하여 유기물 부하량의 증가가 크면 탈질 속도가 향상될 가능성도 있다.

- 인 제거 : 생물학적인 인 제거의 경우, 유기물 증가에 따라 반응조건이 안정화되기 때문에 양호한 처리가 될 가능성이 있다. 응집제 첨가 등 물리화학적인 방법으로 인을 제거하는 경우에는 유입 인 부하량의 증가에 따라 응집제 첨가량이 증가할 가능성이 있다.

□ 슬러지 농축(중력 농축)

- 고형물 부하의 증가 : 투입 슬러지가 증가함에 따라 고형물 부하 증가로 고형물 회수율이 낮아지고, 분리액의 SS 농도가 높아질 가능성이 있다.
- 슬러지의 침강 분리, 농축성의 변화 : 투입 슬러지 성상 변화에 기인하여 침강 분리, 농축성, 더 나아가서는 고형물 회수율에 영향을 미칠 수 있다.
- 슬러지의 부패 : 슬러지 성상의 변화에 기인하여 슬러지의 부패가 진행될 가능성이 있다.

□ 슬러지 소화(혐기성 소화)

- 가스 발생량의 증가 : 투입 슬러지량의 증가에 따라 가스 발생량이 증가할 가능성이 있다.
- 소화율, 가스 발생률의 변화 : 투입 슬러지량 증가에 따른 소화일수 감소로 소화율, 가스 발생률에 영향을 미칠 가능성이 있는 한편 투입 슬러지 성상, 특히 유기물의 질적 변화가 소화율과 가스 발생률에 긍정적인 영향을 미칠 가능성도 있다.

□ 슬러지 탈수

- 운전시간(일수) 증가 : 투입 슬러지량의 증가로 인해 운전시간(일수)이 늘어날 가능성이 있다.
- 슬러지 탈수성 변화 : 투입 슬러지 성상의 변화에 기인하여 슬러지의 탈수성에 영향을 미칠 수 있다.

□ 슬러지 소각

- 가동률(일수) 증가 : 투입 슬러지량의 증가에 따라 가동률(일수)이 증가할 수 있다.
- 슬러지의 소각 효율 변화 : 투입 슬러지 성상 변화에 기인하여 소각 효율에 영향을 미칠 수 있다.

□ 슬러지 처분, 유효 이용

- 슬러지 처분량 증가 : 슬러지(소각재를 포함)를 매립 처분할 경우에는 최종 처분량이 증가할 수 있다.
- 슬러지 유효 이용량 증가 : 슬러지 유효이용(녹·농지이용 등)의 경우에는 유효 이용량이 증가할 수 있다.

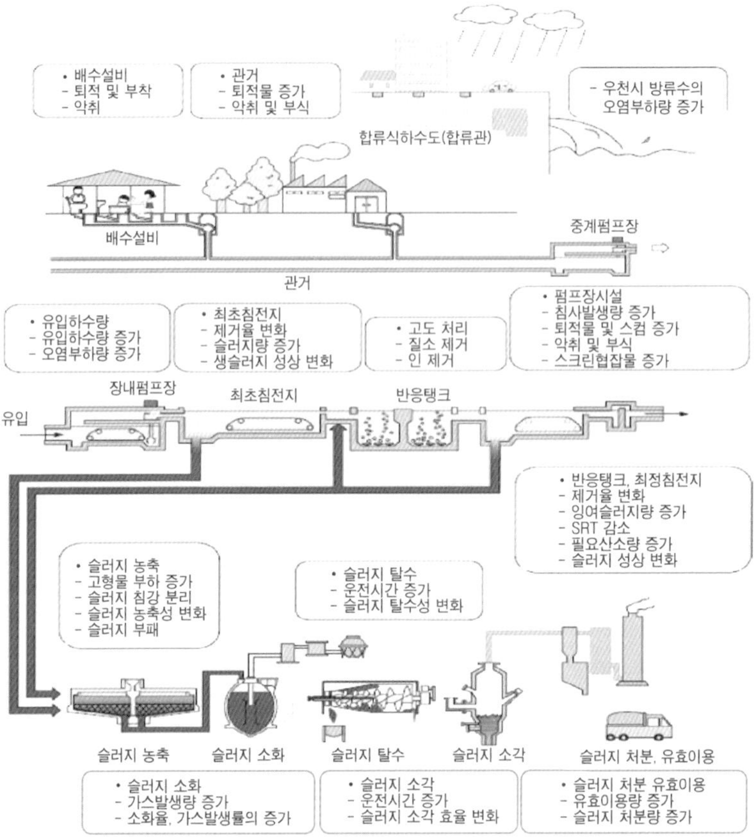

【그림 6-11】 디스포저 분쇄오수가 하수도에 미치는 영향 예시

한편 [그림 6-12]는 2007년의 서울시 하수처리장의 방류수 수질과 수질기준을 보여주고 있다. 서울에는 4개소의 물환경 권역으로 나누어져 있으며 공공하수처리장은 총 581만m^3 시설용량으로서 중랑 171만m^3/일, 탄천 110만m^3/일, 서남 200만m^3/일, 난지 100만m^3/일로 가동되고 있다. 중랑 제2처리장(46만m^3/일)은 현재 고도처리(A_2O)공정으로

가동되고 있다. 유량 측면에서는 서울의 350만 가구 전부가 디스포저를 사용하여도 디스포저의 사용으로 인하여 추가적으로 발생하는 하수량은 하루 21,000㎥에 불과하여 서울시 하수처리시설 시설용량 1일 581만㎥의 0.4%에 불과하다. 그러나 2007년의 방류수 수질을 볼 때 모든 서울시 하수처리시설들은 BOD와 T-N에서 정부의 방류 수질 기준인 10mg/L와 20mg/L를 만족시키지 못하고 있다.

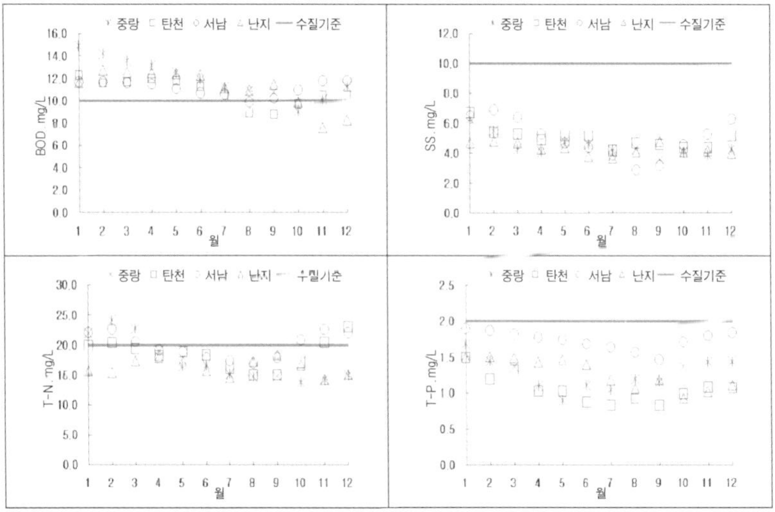

【그림 6-12】 서울시 하수처리장 방류수 수질기준과 방류수 수질 상태(2007년)

현재 서울시는 4개의 물재생센터에 2015년을 목표로 하수처리시설 고도화 계획을 수립하고 있다. 따라서 이 사업이 완료되기 전에는 디스포저에 의한 음식물쓰레기 분쇄물이라는 새로운 부하를 하수처리장에 추가하기 어렵고, 고도화사업이 완료되거나 특히 향후 음식물쓰레기 분쇄 오수가 유입하는 것을 감안하여 고도화사업을 추진한다면 디스포저의 분쇄물을 공공하수처리시설에 투입할 여지가 생길 것으로 판단된다.

일본의 도쿄도를 비롯한 대도시권에서는 디스포저를 설치하는 경우 분쇄 오수를 포함하는 주방오수를 배수전처리시설에서 처리하여 일정 수준 이하의 배출수로 만들어 배수하도록 하고 있는데, 바로 공공하수관거에서의 퇴적에 의한 문제와 하수처리장에서의 오염부하증가 문제를 없애기 위해 고안한 시스템이다[그림 6-13]. 우리나라도 하수관거가 부실하고 하수처리장의 정화 능력에 여유가 없는 지역에서 디스포저를 사용하고자 한다면 일본의 디스포저 시스템을 주목할 필요가 있다.

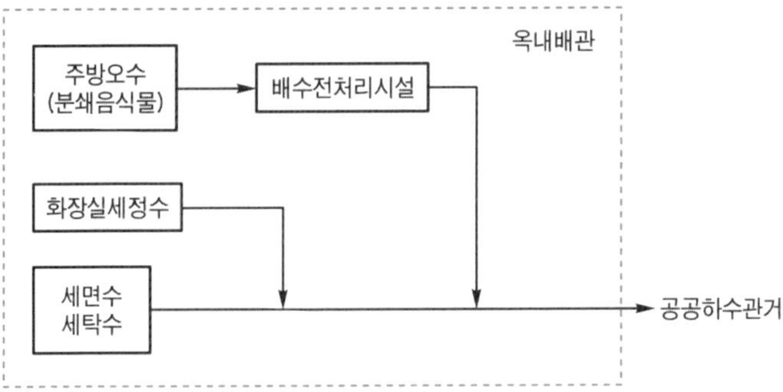

【그림 6-13】 일본 대도시의 디스포저 시스템

제 7 장
음식물쓰레기 처리 방법으로서 디스포저

7.1 음식물쓰레기 자원화 방법

7.2 디스포저와 음식물쓰레기 처리

7.3 환경성에서 본 디스포저

7.4 폐기물처리시스템에 미치는 영향

7.5 시민생활에 미치는 영향 요인

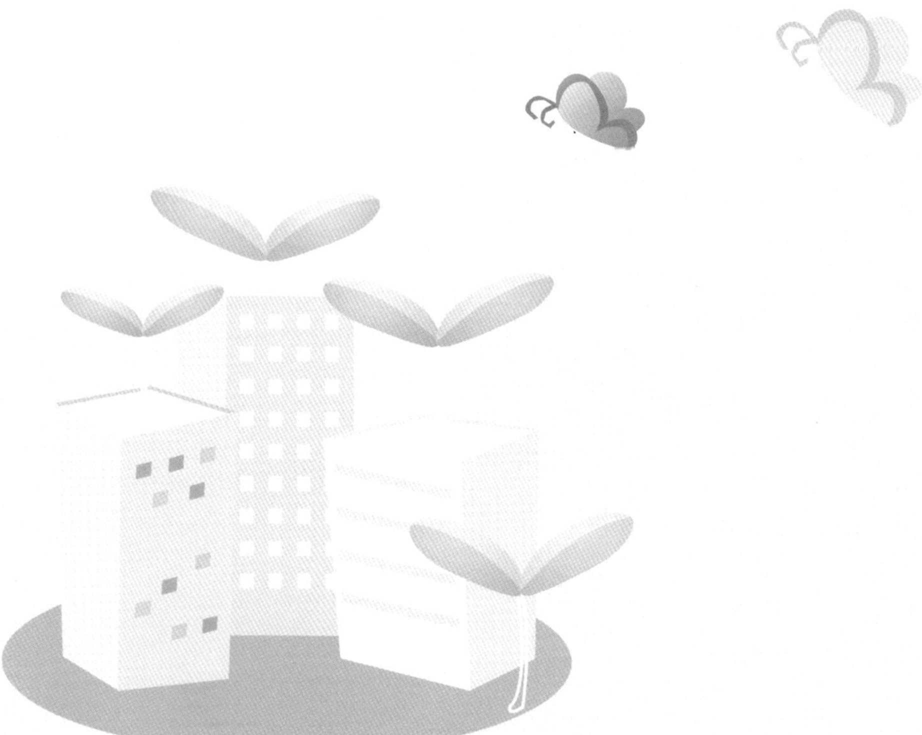

7. 음식물쓰레기 처리 방법으로서 디스포저

7.1 음식물쓰레기 자원화 방법

1) 기계식 퇴비화

기계식 퇴비화는 호기성 미생물을 이용하여 유기성 폐기물 중 분해 가능한 물질을 분해시키고 난분해성 물질을 퇴비로 활용하는 방법이다. 산소공급, 교반 등을 위해 여러 형태의 기계장치들이 사용된다. 수분 조절, 영양성분 조절, 통기성 향상 등을 목적으로 목재를 분쇄한 파편이나 톱밥 등이 부형재로 활용되기도 한다. 서울시 K자치구 퇴비화 시설을 예로 들면 1일 23톤의 음식물쓰레기와 3.5톤의 톱밥을 투입하여 6.3톤의 퇴비를 생산한다. 즉, 투입된 음식물쓰레기를 기준으로 약 27%의 퇴비가 생산되는 셈이다. 이러한 중량의 감소는 퇴비화 과정에서의 수분의 감소, 생물학적 분해 가능 물질의 미생물에 의한 분해, 이물질의 제거 등에 의해 나타난다[그림 7-1].

미국에서 퇴비화는 주로 정원 폐기물을 대상으로 이루어지며, 정원 폐기물의 재활용률은 전체 배출량 중 23%에 이른다. 그렇지만 음식물쓰레기의 재활용률은 상대적으로 미약하여 3.5% 수준이다. 대부분의 주정부가 정원 폐기물의 별도 수거 체계를 갖추고 있으면서도 25개 주정부는 가능하면 배출자가 스스로 퇴비화하도록 지원하고 있다. 대도시

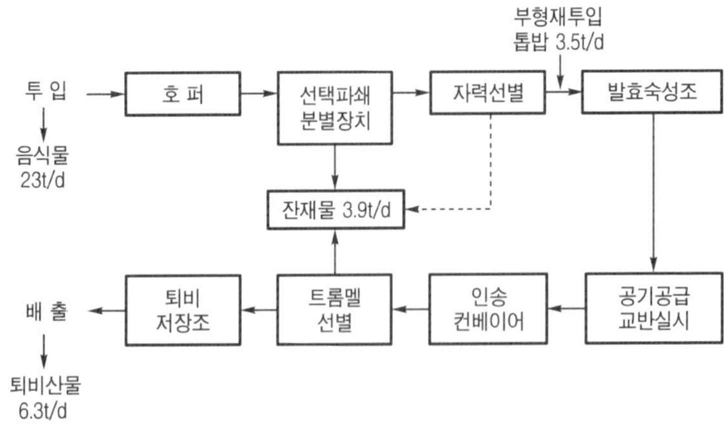

【그림 7-1】 서울시 K퇴비화 시설의 공정 및 물질수지(서울시, 2004. 12)

중 로스엔젤레스는 집중처리시설을 운영하는 대표적 사례이고, 샌프란시스코는 가정단위 퇴비화사업에 치중하는 대표적인 사례이다. 집중처리시설은 1995년에 3,316개소라고 한다. 특히 Great lakes에는 전국 시설수의 33%가 집중되어 있다. 음식물쓰레기만을 별도로 분리하여 퇴비화하는 주는 11개이며, 연간처리량은 62만 톤 정도라고 한다 (EPA, 1995 ; BioCycle, 1996. 4).

캐나다에서는 생활폐기물의 73%가 매립, 23%가 재활용, 4%가 소각되고 있다. 550만 톤의 재활용량 중 퇴비화된 양이 78만 톤이므로 퇴비화의 재활용 기여율은 14.2%이다. 미국과 유사하게 캐나다에서도 분산식 퇴비화와 집중식 퇴비화가 이루어지고 있다. 1,400개에 이르는 캐나다 도시들의 대부분이 재활용품을 문전에서 수거하고 문전수거 프로그램 중 15%는 유기성폐기물을 분리수거하고 있다. 18개의 지역은 젖은 쓰레기와 마른 쓰레기로 나누어 수거한다(Glenda Gies, 1997. 3).

서유럽에서는 도시폐기물의 60~70%를 매립, 20% 이하를 소각, 나머지 5% 이하를 퇴비화 등으로 처리한다. 이들 국가들은 매립량, 침출수, 매립가스량을 줄이기 위하여 유기물과 생분해성 물질의 매립을 금지하고 있다. 1980년대 후반까지 유럽의 퇴비화 비중은 미국이나 일본보다 약간 높은 평균 4% 정도였다. 다만 스페인, 오스트리아, 포르투갈, 벨기에 등에서의 도시폐기물 퇴비화율은 10% 정도였다. 퇴비화가 이렇게 더딘 것은 혼합폐기물을 퇴비화할 때의 높은 중금속 및 이물질 함량, 낮은 매립이나 소각비용, 악취발생 등의 이유 때문이었다. 1980년대 후반에 들어서야 음식물쓰레기 분리수거의 필요성이 인지되면서 독일어권 국가와 베네룩스국가들에서 퇴비화가 자리잡기 시작하였다. 네덜란드에서는 1994년에 법적 토대까지 마련하였다. 현재 5,000만~6,000만의 유럽인이 생쓰레기 분리수거시스템을 이용하고 있다.

유럽지역에서 음식물쓰레기 분리수거는 네덜란드에서 처음으로 도입되었고, 가장 잘 정비되어 있다. 이를 장려하기 위한 네덜란드 정부의 집중적인 프로그램이 1990년에 시작되어 1995년에 완결되었다. 그 결과 정주인구의 93%가 음식물쓰레기 분리수거에 참여하고 있다. 처리능력은 도시폐기물의 대략 30~40%인 157만 5천 톤이고, 생산된 퇴비의 90%인 약 50만 톤을 판매하고 있다. 독일의 일반가정에서 배출되는 생활폐기물 중 음식물쓰레기의 점유율은 30% 정도이다. 독일의 현대적 퇴비화 기술은 역사적으로 1950년대부터 시작되었고, 15

개의 주정부 중 6개 주정부가 전체 퇴비화 용량의 80% 이상을 차지하고, 독일인구의 30%인 2,500만 명이 여기에 참여하고 있다. 독일 퇴비화공장들의 크기는 연간 평균 12,600톤인데 이는 작은 시설의 허가가 쉽기 때문이다. 독일에는 380개의 호기성 퇴비화공장과 28개의 생물가스생산시설이 있으며, 총용량은 연간 510만 톤 정도이다. 독일이 음식물을 포함한 유기성폐기물의 퇴비화에 집중하게 된 이유는 폐기물 관리정책에 관한 국가 인식의 변화 때문이었다. 매립과 소각보다 재활용에 무게중심이 옮겨지기 시작한 것은 1980년대 초반부터이고, 이를 반영한 산물이 1984년에 제정된 '폐기물 발생방지 및 처리법'이었다. 이 법은 1994년에 '순환경제 및 폐기물법'으로 개정되었는데, 이 법의 기본취지는 자원화를 더욱 촉진하는 데 있다. 이 법은 정부와 업계가 충분히 대응할 수 있도록 2년간의 유예기간을 두고 1996년부터 효력을 발휘하고 있다. 이 법에서 다루는 퇴비화 등의 유기성폐기물 자원화에 관한 주요규정은 ① 분리수거의 의무화, ② 매립지에 반입된 폐기물의 유기성물질 함유율을 10% 미만으로 유지, ③ 호기성 또는 혐기성 처리, ④ 퇴비화시설 설치 시 퇴비판매시장의 확보 등이다. 독일에서도 퇴비화(堆肥化)는 분산식과 집중식으로 구성되는데, 도심지역에서는 집중식을 선호하고 주거밀도가 낮은 도시외곽지역에서는 분산식을 선호하고 있다. 1993년에 프랑스의 생활폐기물중 약 10%가 퇴비화되었고, 총용량이 약 100만톤인 70개 정도의 야적식 공장이 도시폐기물 퇴비화용으로 가동되었다. 그러나 이 공장들은 차례로 문을 닫아 현재

30개의 퇴비화공장만이 야적식으로 운전되고 있다. 생쓰레기만을 퇴비화하는 경우는 새롭게 시작하는 몇 개의 시설에 불과하다. 이탈리아에는 1970년대와 1980년대에 연간 총처리용량 230만톤, 개별 용량 57,000톤의 시설 40여 개가 설치되었다. 그러나 원료가 혼합 쓰레기인 관계로 퇴비질이 좋지 못했다. 최근에는 생쓰레기를 별도로 분리하는 법안이 북부 이탈리아에서 가결되었다. 이를 처리하는 퇴비화공장 몇 개가 가동 중에 있고, 새로운 공장들이 건설 중에 있다. 영국의 경우 정부가 주도하여 유기성폐기물을 퇴비화하는 사례가 매우 드물다. 1990년도에 이루어진 가정폐기물 중 0.5% 이하의 퇴비화실적에서 이를 확인할 수 있다. 지역단위로 이루어진 몇 개의 사례로는 Kent지역에서 이루어지고 있는 700가구 대상의 수거에 의한 퇴비화, Cambridgeshire지역 20개 마을의 마을단위 퇴비화 정도이다. 한편 Castle Morpeth시는 격주로 가정의 유기성폐기물을 수거하는 시스템을 1993년에 도입하였다. 여기에서 생산된 퇴비는 30개의 가든센터에 팔고 있다. 수입으로는 퇴비판매비용 및 정부에서 지원하는 재활용신용기금이 있으며, 수익성이 좋다고 한다. 그리고 퇴비화는 주로 가정단위에서 이루어지는데 연간 40만톤의 유기성폐기물이 가정퇴비화되며, 이 양은 가정계 생활폐기물량의 2%에 해당된다. 스페인은 1990년도에 생활폐기물의 20%를 퇴비화로 자원화하였다. 이 실적은 유럽지역에서 가장 높다. 스페인 퇴비화의 특징은 혼합폐기물을 처리하는 퇴비화시설의 운전이다. 이 방식에 의하여 기계 및 수선별이 요구되며 퇴비의 오염부담도 있지만 대부분의 시설이 성공적으로 운전하여 퇴비를 판매하고 있다. 그리고 중금속함량도 큰 문제가 되지 않고 있다. 스페인의 경우 가정폐기물 중 유기물함량은 북유럽지역보다 매우 높다. 공식적으로 50%가 유기물인데, 북유럽의 경우는 20~25%이므로 이것만으로 스페인의 퇴비화율이 높은 이유에 대한 답이 된다. 특히 스페인 동부의 농업지역에서는 퇴비화가 많이 이용된다. 7개의 자치지역에 45개의 퇴비화시설이 운영 중이다. 이 시설들은 단순한 파쇄 및 교반 기능에서 고도의 현대적인 시설로 바뀌고 있다. 스페인에서는 1989~1992년 기간에도 25개의 다른 시설이 건설되었다. Huelva의 Villarrasa시설은 1994년 말에 가동을 시작하여 연간 10만 8천톤의 혼합쓰레기를 Huelva시 및 인근 29개의 지역에서 받아들여 연간 2만톤의 퇴비를 생산하고 있다. 이 시설은 기계적인 분리시스템을 갖추고 있으며, 젖은 부분은 강제적으로 공기를 주입하여 퇴비를 생산하고 있다. 첫해에 생산된 퇴비는 주로 딸기재배농사에 사용되었고, 지속적으로 수요처를 확충 중이다. 동일한 구조의 시설이 Menorca섬에 설치되어 1995년 초에 가동에 들어갔다. La Safor에 설치된 퇴비화시설은 1991년부터 가동되었으며, 20만명의 인구를 대상으로 하고 있다. 연간 8만 7천톤의 혼합쓰레기를 처리하여 11,500톤의 퇴비를 생산하고 동시에 670톤의 유리, 1,900톤의 종이, 220톤의 플라스틱, 1,200톤의 금속류를 분리하고 있다. 이 시설의 반응조 하부에는 침출수의 흡수를 위하여 톱밥층을 설치하였다. 젖은 톱밥은 최종적으로 퇴비원료가

되며, 통기성도 향상시킨다. 스위스와 이탈리아에서는 생쓰레기의 분리수거와 생물학적 처리가 널리 이루어지고 있고, 폐기물처리에 상당한 역할을 하여 왔다. 그러나 여타의 국가에서는 생물학적 처리를 긍정적으로 평가하고 있지 않고 가까운 미래에도 그럴 것으로 예상된다.

유럽에서 퇴비가 긍정적으로 평가받지 못했던 것은 생쓰레기의 개별수거에 의하지 않고 혼합쓰레기로부터 퇴비를 생산하여 질이 낮아졌다는 데 있었다. 이 문제는 해결되고 있다고 한다.

일본의 경우 1993년에 지방정부에서 운영하는 32개의 퇴비화시설이 있으며, 이들의 시설용량이 1일 600톤임을 감안하면 나머지 4,000여 톤은 사료화로 자원화된 듯하다(후생성, 1996). 사실상 일본은 퇴비화에 그다지 적극적이지 못하다. 그리고 퇴비화시설을 운영하는 경우도 농촌과 접하고 있는 소도시에서 이루어지고 있다. 따라서 그 규모도 매우 작은데 혼합 쓰레기를 수거하여 선별한 후 퇴비를 생산하는 일본 도쿄도의 1일 50톤 용량의 시설들을 제외하면 대부분의 시설은 20톤 이하의 규모를 갖추고 있다. 그리고 대부분의 시설이 1970년대 말부터 1980년대에 건설되었으며, 모리오카(盛岡)·시바(紫波)지구환경시설에 1993년 설치한 1일 처리용량 20톤의 시설이 최근에 건설되었다. 그리고 현재는 대부분 음식물쓰레기만을 별도로 분리수거하며, 유료수거와 무료수거가 혼재하고 있다. 일본에서 운영 중인 13개 퇴비화시설의 특성을 정리하면 다음과 같다(惠比須, 1997.1). 시설용량을 보면 작은 규모는 1일 3톤, 큰 규모는 47톤까지 처리하고 있다. 그렇지만 큰 규모의 시설은 혼합쓰레기상태로 수거할 때의 용량이다. 수거빈도를 보면 대부분 주 1~2회의 빈도로 수거하지만 홋카이도 浦臥町에서는 여름철에만 주 2회를 수거하고 그외 계절에는 주 1회의 빈도로 수거를 한다. 대상쓰레기량은 전번의 수거일 이후부터 금번 수거일까지 배출되는 음식물쓰레기 모두가 해당되지만 모리오카(盛岡) · 시바(紫波)지구에서는 수거 전일에 배출된 부패가능성이 적은 쓰레기만 수거하고 있다. 수거용기를 보면 13개의 시설 중 비규격 비닐봉투를 사용하는 경우는 1개소이며, 나머지는 지정 비닐봉투를 사용하고 있다. 그러나 사업장은 규격통을 사용하고 가정은 지정봉투를 사용하는 지역도 있으며, 종이봉투를 사용하는 곳도 있다. 그리고 이물질의 혼입을 방지하기 위하여 대부분 투명봉투를 사용하며, 배출자를 기입하는 경우도 2개소가 있다. 한편 가정에서는 지정봉투를 사용하여 배출하지만 사업장에서는 배출자가 직접 반입해야 하는 곳도 있다. 처리수수료를 보면 무료로 수거하는 곳은 4곳이고, 가정은 무료이고 사업장은 유료인 곳이 1개소 있다. 나머지는 지정봉투를 유료로 구입해야 한다. 부재료 사용실태를 보면 부재료를 사용하지 않는 곳은 1개소에 불과하고, 1개소는 혼합상태로 수거하여 퇴비화하기에 부적합한 것을 분리하고 분해가능성분은 부재료로 활용하고 있다. 그리고 나머지 시설은 나무껍질(수피), 왕겨, 톱밥 등을 통기촉진재로 혼합하고 있으며, 1개소는 우분을 혼합하여 퇴비의 품질을 높이고 있다. 발효방식에서는 모든 시설이 호기성조건을 유지하기 위하여 기계식 교반방식을 채택하고 있다. 발효 및 후숙기간을 보면 발효기간은 1주 또는 2주 이상이고, 후숙은 짧은 경우 1주일이지만 대부분 1개월 이상이다. 퇴비수율(%)을 보면 초기 투입량에 대비하여 퇴비로 생산되는 양은 아주 많은 경우 27%이고, 대부분 10% 이하이다. 혼합폐기물을 수거하여 분리한 경우는 2~3%에 불과하나. 판매실태를 보면 대부분 포장 또는 차량단위로 유료판매하며, 포장판매 가격은 차량단위로 판매할 경우보다 비싸다. 나가노현(長野縣) 다카야마무라(高山村)에서는 주민들에게 무료로 배부하고 있다. 퇴비용도를 보면 퇴비는 채소재배, 과수원, 학교정원관리용 등으로 사용되고 있다(Bruno DE WILDE, 1997. 3 ; 久富欣哉, 1995. 12 ; 이무춘, 1996. 3 ; W. Rogalski & J. Charlton, 1997 ; Department of the Environment and Welsh Office, 1995. 12.).

2) 지렁이 퇴비화

지렁이 퇴비화는 부화한 날부터 몸무게의 8배 이상에 해당하는 음식물을 먹어치우는 적지렁이류를 이용한다. 우리나라의 경우 원주시에서 이 방법으로 음식물쓰레기를 처리한 사례가 있으며, 여러 분뇨처리시설에서 분뇨처리의 한 방법으로 활용하고 있다.

외국의 경우 미국에서 많이 이용되며, 영국에서도 이를 보급하고 있다. 그러나 이 자체가 하나의 소생태계이며 운전이 결코 용이하지 않아 영국의 경우 지렁이 퇴비화에 참여한 주민들의 단지 7%만이 문제없이 운전한다고 한다. 가장 큰 문제는 지렁이통 내외의 파리 문제라고 한다. 영국 Chichester District Council의 2년간의 평가에 따르면 느린 반응, 퇴비산물 제거, 여름철에 나타나는 파리, 지렁이에 적당한 온도 유지의 필요성, 정기적인 수분제거 등이 어려움이라고 한다. 지렁이 퇴비화는 대규모 시설에서도 활용되고 있다(http://www.wrfound.org.uk/Worms-IS.html). 프랑스 La Voulte의 Sovadec Plant에서는 지렁이 퇴비화를 채용한 새로운 공정이 1991년부터 운전되고 있다. 이 플랜트는 1일 20톤의 혼합된 가정폐기물을 처리한다. 플라스틱백은 열공정으로 개봉되고, 내용물은 체, 자력, 공기, 수공정을 통하여 선별된다. 이러한 방법으로 금속, 유리, 플라스틱, 섬유, 종이, 판지가 재활용을 위하여 회수된다. 잔류물은 호기성조건에서 퇴비화되는데 병원균과 잡초씨를 죽이기 위하여 70℃까지 온도를 높인다. 이후 폐기물은 지렁이 탱크를 경유하게 되는데 여기에서는 약 20억의 적지렁이 개체가 전처리된 폐기물을 1일 15톤까지 처리한다. 지렁이는 유기물을 소화함으로써 폐기물을 구분하여 낸다. 그들의 소화과정은 퇴비의 숙성과 안정화를 돕는다. 지렁이 퇴비화의 최종산물은 엄격한 유럽지역의 품질규격을 만족시키며, 50mm 이하의 유기물로 구성된다. 건설현장에서 이 물질을 이용할 수 있는 방안도 검토 중이다.

다른 종류의 지렁이인 Pheretima Elongata가 인도 봄베이시의 음식물쓰레기 처리에 이용되고 있다. 이용 동기는 전염병을 만연시킬 수 있는 해충을 억제하기 위해서였다. 비영리단체인 봄베이의 녹십자연합은 지렁이를 이용하여 쓰레기를 퇴비로 바꾸기 위한 여러 사업을 시작하였다.

3) 사료화

우리나라 돼지사육농가에서는 전통적으로 가정에서 발생하는 음식물쓰레기를 돼지의 먹이로 사용했다. 호텔의 음식점과 같이 대형음식업소에서 발생하는 신선하고 양 많은 음식물쓰레기는 도시인근의 축산농가에 공급되었다. 근래에는 이러한 방식을 습식사료화라고 하는데, 예전방식과 달라진 점은 이물질 분리, 멸균 등 사료의 품질을 높이고 안전성을 확보하는 공정의 추가이다. 수도권 N농장을 예로 들면 20톤의 음식물쓰레기가 투입되면 22톤의 습식사료가 생산된다. 0.5톤은 이물질로 제거되지만 사료품질을 높이기 위해 배합사료, 대두박, 미생물제재를 투입함으로써 투입 음식물쓰레기보다 더 많은 양의 자사료가 생산되는 것이다. 80℃에서 1분간 가열은 멸균과정이며, 후숙은 사료의 품질을 균질하게 만드는 데 도움을 준다. 습식사료화방법은 공공시설보다 주로 민간시설에 많이 적용된다[그림 7-2].

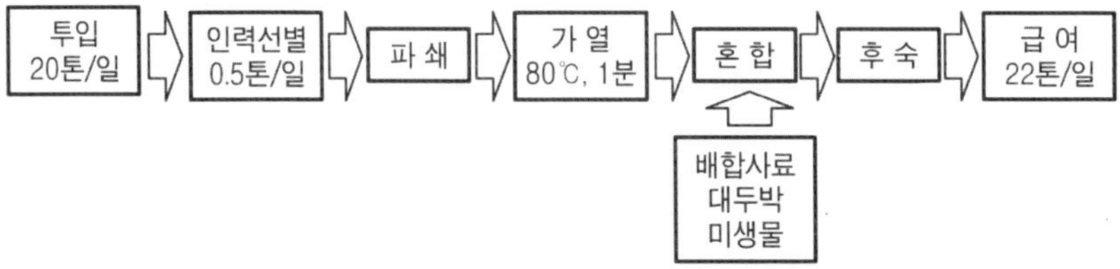

자료 : 서울시립대 음식물쓰레기처리기술센터, 2002. 12

【그림 7-2】 경기도 N농장의 습식사료화공정

한편 습식사료는 액상으로 존재하기 때문에 포장이나 장거리 운반이 곤란하고 부패하기 쉬워 장시간 보관이 어렵다. 이러한 문제는 음식물쓰레기를 건조함에 의해 해결할 수 있는데, 이를 건조사료화라고 부른다. 서울의 K사료화시설은 건조사료화의 특성을 잘 보여준다[그림 7-3]. K시설의 경우 1일 260톤의 음식물쓰레기를 처리하여 최종적으로 43톤의 건조사료를 생산한다. 수분제거를 위해 탈수와 가열이 이루어진다. 이 과정에서 105톤의 폐수와 72톤의 수증기가 발생한다. 40톤은 이물질로 분리되며, 이들은 쓰레기로서 처리가 필요하다.

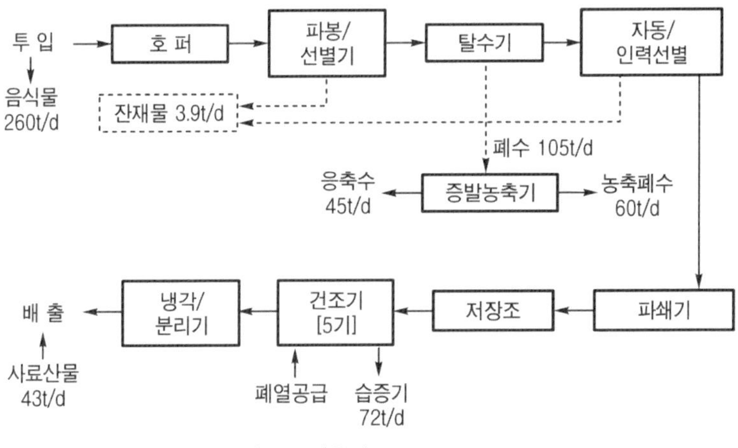

자료 : 서울시, 2004. 12

【그림 7-3】 서울 K건조사료화시설의 공정

미국에서는 연간 1,250만 톤의 음식물쓰레기가 폐기되고 있는데 이 중 560톤이 돼지의 사료로 이용된다. 돼지사료로 이용하고 있는 음식물쓰레기는 주로 음식점(45%), 학교의 급식소(24%), 교도소(22%) 등에서 수거된다. 사료화의 대상이 되는 음식물쓰레기는 잔반(plate waste)이 71%로 절대적으로 많고, 제과 14%, 채소 및 과일 6% 등이며, 달걀, 생선, 도축부산물 등도 사료로 이용되고 있다. 미국에서 음식물찌꺼기가 사료로 활용하는 것은 처리수수료를 받아 수입이 발생하고, 사료비용을 줄일 수 있고, 돈분은 양질의 퇴비로 활용할 수 있기 때문이다. 그렇지만 음식물쓰레기는 수분함량이 높고, 계절에 따라 질이 변하는 관계로 이전의 습식사료화방식이 점차 가공사료 즉, 분쇄, 탈수, 펠레트 등의 절차를 거치는 방향으로 전환되고 있다고 한다. 미국의 연방돼지건강보호법(Federal Swine Health Protection Act)에서는 돼지에게 먹일 모든 육류는 100℃에서 30분간 끓이도록 규정하고 있다. 또 연방식품의약국(Federal Food and Drug Administration)에서는 한때 영국에서 문제시되었던 광우병(Bovine Spongiform Encephalopathy)에 대한 예방책으로 소 등의 반추동물에게는 음식물 사료를 먹일 수 없도록 규정하고 있다. 그리고 각 주정부는 연방정부의 규정에 입각하거나 약간 변형된 형태로 나름대로의 제도적 장치를 마련하고 있다[표 7-1]. 민간부문에서 대표적인 음식물 사료회사는 Thermo Tech사이며, 이 회사는 1일 300톤 용량의 2개의 사료생산시설을 갖추고 있다. 이 기술은 콜롬비아주립대와 공동으로 개발하였다고 한다(Jim Glenn, 1997. 4). 한편 Donn A. Derr(1997. 4)는 사료화를 할 경우 직접 먹이는 것보다 탈수를 하여 먹이는 방법이 어떤 가공방법을 사용할 경우보다 경제적이라고 지적한 바 있다. 결론적으로 미국에서는 돼지를 제외한 소, 가금 등에는 음식물쓰레기로부터 생산된 사료를 먹일 수 없도록 되어 있어 대상가축을 확대하기 위해서는 많은 시행착오를 거쳐야 할 것이라고 평가하고 있다(Michael L. Westendorf, 1997. 4).

【표 7-1】 미국 주정부들의 음식물쓰레기 사료화기준

주 명	대상음식물	처 리 규 정
캘리포니아	동물성폐기물	100℃에서 30분간 끓임
콜로라도	동물성, 채소 및 과일	100℃에서 30분간 끓임
인디애나	고체·반고체 동물성 및 채소류	탈수, 분쇄, 펠레트공정을 거칠 것
캔사스	동물성, 채소 및 과일	100℃에서 30분간 끓임
미네소타	동물성, 채소 및 과일(캔 및 냉동품제외)	100℃에서 30분간 끓임
미조리	동물성, 채소 및 과일	100℃에서 30분간 끓임
네바다	모든 동물성폐기물	주정부사료규정에 따를 것
뉴저지	모든 동물성폐기물	100℃에서 30분간 끓임
노스캘리포니아	동물성폐기물	100℃에서 30분간 끓임
노스다코타	버터·치즈공장부산물을 제외한 동물성	100℃에서 30분간 끓임
오하이오	동물성, 채소 및 과일	100℃에서 30분간 끓임
펜실베니아	동물성, 채소	100℃에서 30분간 끓임
버몬트	동물성, 채소	100℃에서 30분간 끓임

주 : 나머지 주에서는 음식물쓰레기 사료화 금지
출처 : Michael L. Westendorf, 1997. 4

일본에서는 음식물쓰레기 배출자와 축산업자가 연계된 사료화가 대부분이다. 그 대표적인 사례가 돼지 1,000두, 소 250두, 닭 4,000마리를 기르는 富士福祉農場이다. 이 농장은 모든 사료를 인근의 식품제조회사의 유기성 찌꺼기, 단체급식소의 잔반을 활용하여 생산하고 있다. 정부의 적극적인 홍보 아래 여기에서 생산된 달걀이나 육류는 직판장을 거쳐 다른 제품보다 비싸게 팔린다고 한다(日報編輯部, 1995.6). 음식물을 가축의 사료로 활용하는 행태는 중국의 경우에도 동일하다. 중국의 농촌지역도 다른 나라들과 마찬가지로 쓰레기문제로 곤란을 겪고 있다. 그러나 음식물쓰레기 및 농업부산물은 상업용제품의 보충제로서 가축에게 먹이고 있다(J. Paul Henderson, 1997.1). 유럽지역에서 유기성 폐기물을 사료로 적극 활용하는 나라는 노르웨이와 덴마크이다. 노르웨이는 전통적으로 곡물이나 사료가 매우 부족하여 사료의 가격이 높다. 이러한 여건 때문에 유기성 가정폐기물을 동물의 먹이로 이용하는데 관심이 모아졌고, 음식물쓰레기를 끓여서 가축먹이로 공급하였다. 그러나 1964년에 음식물쓰레기는 120℃에서 20분간 소독해야 한다는 규정이 공포되었다. 이 규정의 공포는 소규모 시설들의 폐쇄로 이어졌고, 단 2개의 시설만이 1980년대 초까지 가동되었다. 그렇지만 아직도 30여개의 시설이 호텔, 식당, 병원 등에서 수거된 음식물쓰레기를 가축의 사료로 이용하고 있다. 덴마크에서는 1988년에 주당 100kg 이상의 음식물쓰레기를 배출하는 대규모 음식업소에 대하여 음식물쓰레기를 동물의 먹이로 활용하도록 의무화했다. 음식물쓰레기는 2개의 시설에서 처리되며, 이 시설들은 Jutland와 Zealand에 설치되어 있다. 코펜하겐에서는 연간 2,000톤의 음식물쓰레기를 이러한 목적으로 수거하고 있다(Ib Larsen, 1993).

4) 혐기성소화에 의한 바이오가스화

음식물쓰레기와 같은 유기성폐기물을 공기가 없는 조건에서 살아가는 미생물(일명 혐기성 미생물)로 분해를 시키면 미생물의 대사과정에서 메탄가스, 이산화탄소, 물이 발생하며, 이 메탄가스는 도시에 난방 및 취사용 연료로 활용되는 도시가스의 주성분이다. 즉 메탄가스를 회수하여 활용하면 대체에너지자원으로 활용이 가능하다는 것이다. 쓰레기매립지에서 메탄가스가 발생하는 것도 같은 원리이며, 서울시, 경기도, 인천시가 공동으로 사용하는 수도권매립지에서는 매립가스 중의 메탄을 발전용 연료로 활용하고 있다. 하수처리장에서는 이전부터 하수처리공정에서 발생하는 잉여슬러지나 분뇨를 처리하는 방법으로 혐기성소화방식으로 채택하여 왔으며, 회수된 메탄가스는 자체 가온을 위한 연료나 온수생산 등에 활용되고 있다.

근래에 우리나라에서도 도시에 건설하는 대부분의 음식물쓰레기 처리시설은 메탄을 회수하는 혐기성소화방식이다. 부지를 적게 차지하고 발생된 지역난방 등 회수가스의 활용처가 많기 때문이다. 퇴비로 활용해야할 최종산물의 양이 많지 않고 발생된 폐수를 처리할 수 있는 하수처리시설이 잘 갖추어진 점도 도시지역에서 혐기성소화방식을 선호하는 이유에 해당된다.

최근에는 가축분뇨와 음식물쓰레기를 공동으로 처리하는 병합공정이 관심을 끌고 있다. 농촌에서 다량 발생하는 가축분뇨는 성상이 균일한 반면에 영향성분이 부족하여 단독으로 소화를 시킬 경우 바이오가스의 발생량이 많지 않다. 반면에 음식물쓰레기는 영향성분이 풍부한 반면에 쉽게 부패하여 산성을 띠고 불균질하여 교반이 어렵기 때문에 이 역시 독자적으로 처리하는 경우 운전이 매우 까다롭다. 두 물질의 혼합은 바로 양자의 단점을 보완하여 원활한 반응을 돕고 [그림 7-4]

와 같이 전기, 온수, 퇴비, 액비 등 다양한 자원을 다량으로 얻을 수 있다(유기영, 2008.1).

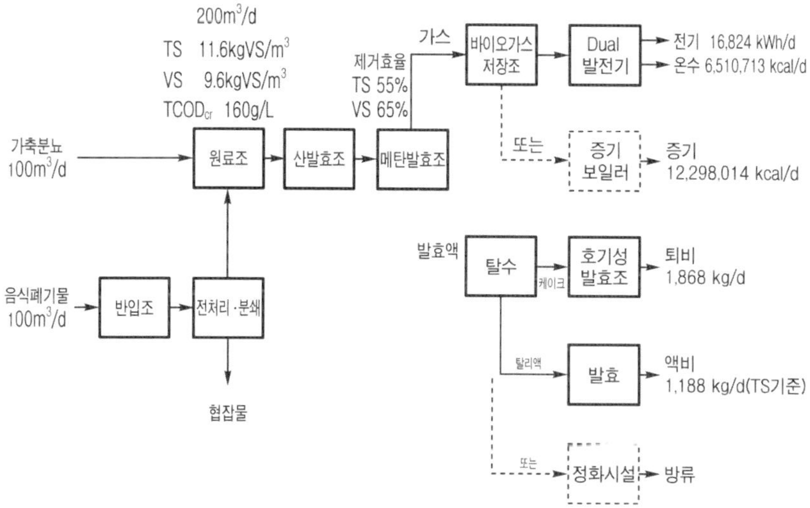

자료 : 유기영(2008. 1)

【그림 7-4】 음식물쓰레기와 가축분뇨의 공동처리에 의한 자원회수량 예

아시아에서 혐기성발효방식에 대하여 오랜 역사를 지닌 국가는 중국이다. 중국에서는 농촌지역에 가주하는 840만의 중국인이 만들어내는 농업부산물, 인분, 축분, 음식물쓰레기를 처리하기 위하여 분산식 시스템인 혐기성소화조를 설치하기 시작했다. 이 사업은 1970년부터 시작되었으며, 시설의 형태는 주택용 혐기성소화조였다. 이 사업에 의하여 현재 중국에는 농촌지역 주택의 약 500만 가구에 혐기성소화조가 설치되어 있다. 혐기성소화조를 설치한 가구에서는 인분, 축분, 볏짚, 감자줄기, 잡초 등의 농업부산물을 함께 처리하고 상한 음식, 곡식껍질, 잡초 등 타 유기물질은 소량 첨가한다. 30년 전 소화조가 처음 설치될 시기에는 볏짚이 주로 이용되었는데 이는 타 유기물이 적었기 때문이다. 초기 소화조는 규모가 컸고 기계적인 청소장비를 이용하였다. 그러나 곡식줄기는 쉽게 분해되지 않아 상층에 1m 정도의 두꺼운 층을 형성하였다. 그 층은 매년 제거를 요했고 반응도 효과적으로 이루어지지 않았다. 이 문제를 해결하는 유일한 방법은 소화조의 투입구를 설치하는 것이었다. 그러나 이 방법은 작업도 어려웠고 산소가 없는 상태에서 생물가스가 폭발할 위험성도 안고 있었다. 이러한 문제점을 개선하는 방향으로 반응조의 구조는 지속적으로 발전하여 왔다. 원통형의 주반응조에 원형뚜껑이 달려있고, 유입물은 투입구를 통하여 바닥으로 공급된다. 초기의 반응조에는 유출수 저류조가 설치되어 있었으며 수면 아래로 연결파이프가 있었다. 청소가 쉽도록 반응조 상부에 뚜껑을 설치하였다. 가스누출을 방지하기 위하여 뚜껑은 무겁게 제작하였다. 투입구는 비교적 컸으며, 수동으로 쓰레기를 넣을 수 있도록 외부에 설치하였다. 오늘날에는 구조가 단순화되어 있다. 반응조의 상부에 투입구가 없다. 유출수 저유조와 반응조는 연결되어 있고, 화장실과 축사는 직접 연결되어 있다. 반응조는 정부로부터 훈련받은 기술자나 주택소유자가 직접 설치하며, 기술자는 지역의 거주자로 본업 이외에 부업으로 이 일을 한다. 반응조의 건설소재는 콘크리트나 블록으로 중국의 농촌지역에서 쉽게 구할 수 있다. 대부분의 반응조는 새로운 축사와 변소 설치 시 연계하여 설치된다. 설치기간은 1주일 정도이고 자재비와 인건비를 포함한 총비용은 $80 정도이다. 현대식 자동주입시스템은 운전과 유지관리를 더욱 편리하게 만들었다. 축사와 화장실로부터 나온 폐기물은 직접 반응조로 유입된다. 많은 가정에서 유출수는 없고 단지 세척수만이 유입된다. 어떤 보고에 따르면 6㎥의 반응조에 매일 주입되어야 할 투입물은 30kg의 분뇨 및 타 유기물과 50kg 정도의 물과 뇨라고 한다. 반응조로 유입되는 순수한 고형물은 대략 8% 정도이어야 한다. 농부들의 입장에서 반응조를 설치하는 주요한 이유는 60%의 메탄을 함유하는 소화가스를 활용하기 위해서라고 한다. 가스생산은 온도에 영향을 받는데 평균대기온도가 10℃ 이하에서는 생산이 장해를 받는다. 소화가스는 주로 취사와 광열에 이용되며 한 가족이 사용하는 전기량의 약 60%를 공급한다. 대부분의 부엌에는 가스버너와 함께 전통적인 연료스토브가 설치되어 있어 가스생산이 낮아지는 동계에는 볏짚, 목재, 석탄 등을 취사용으로 이용한다. 반응조의 유출수는 무취의 흑색 슬러지로 주로 농업용 퇴비로 이용된다. 다른 용도로는 돼지사료보조제, 버섯재배매체, 물고기 사육 사료, 지렁이 사육매체, 씨의 발아매체 등이 있다(Glenda Gies, 1997. 3).

유럽지역에서는 퇴비화를 음식물쓰레기의 마지막 처리수단으로 간주하고 있지 않다. 공정을 호기성에서 혐기성으로 전환하면 에너지를 회수하고 남는 부산물을 퇴비원료로 활용할 수 있기 때문이다. 소각시설은 인구 50만 이상의 지역을 요구하지만 혐기성소화시설은 훨씬 작은 규모로 건설할 수 있는 장점이 있기 때문이다. 프랑스는 유기성폐기물로부터 생물가스를 생산하고자 하는 실험을 최초로 수행한 국가이다. 퇴비에 대한 시장수요가 지속적으로 창출되었으므로 새로운 시도에 대한 위험성이 다른 유럽국가보다 작았다. 유기성 가정폐기물로부터 소화가스를 생산하는 최초의 시설은 1984년 4월 Isere지역 La Buisse에 Valorga Company가 세웠다. 시설용량은 연간 16,000톤이었다. 이 시설의 경험을 바탕으로 이 회사는 Amiens에 또다른 시설을 건설하였다. 1984년 벨기에의 Gent지역에서는 연간 1,000톤을 처리하는 실험시설이 설치되었다. 이 시설은 Valorga시설과 유사한 1단계 반응시설이었다. Gent시설은 고온조건인 55℃에서 운전하여 살균도 가능하였지만 Valorga시설은 중온 조건인 37℃로 운전되었으므로 이어지는 퇴비화단계에서 살균이 되도록 하였다. Gent에 있는 시설은 수분이 매우 낮은 상태로 운전하며, 고온 조건에서 운전하므로 부산물은 호기성 퇴비화 반응물과 거의 같다. 독일의 Garching에는 연간 100~150톤 용량의 소규모 시설이 1987년에 건설되었다. 흥미로운 사실은 이 시설이 반응단계를 분리하고 있다는 점이다. 이렇게 하여 체류시간이 15~20일에서 2일로 줄었다. 동시에 가스회수율도 0.3N㎥ CH_4/kg-건조유기물에서 0.35~ 0.4N㎥ CH_4/kg-건조유기물로 증가하였다. 오늘날 덴마크는 가정폐기물로부터 소화가스를 생산하는 가장 선도적 국가 중 하나이다. 많은 다른 국가들과 비교할 때 덴마크에서 소화가스의 생산은 매우 매력적인 방법인데, 특별한 덴마크의 세금구조 때문이다. 소각 및 예치폐기물에 대하여 덴마크에서는 톤당 130DDK의 세금을 부과하고 있다. 이 세금은 음식물쓰레기가 소화가스시설이나 퇴비화시설로 가지 않는 한 반환되지 않는다. 동시에 가정용 화석연료의 높은 에너지비용은 소화가스의 가치를 더욱 높이고 있다. 예를 들어 화석연료에는 톤당 약 2,000DDK의 세금이 부과되고 있다. 덴마크의 Hillerod지역에는 실험시설이 연간 300톤의 시설용량으로 1989년에 설치되었다. 이 시설은 여러 가지 실험조건에서 운전 중이며, 특히 운전수분의 저하에 목적을 두고 있다. 이 시설은 거의 고온조건에서 운전되고 있다. 1990년에 북동부 Zealand의 Elsinore지역에는 야심찬 2단계 실규모 시설이 연간 2만톤의 용량으로 설치되었다. 처리대상은 분리수거된 가정계 유기성폐기물이었다. 덴마크의 다른 지역에서는 유기성 가정폐기물과 농업폐기물의 혼합처리에 대한 관심을 두고 있다. 1990년에 Northern Jutland의 Aaborg에서는 농업시설에 유기성 가정폐기물을 혼합 처리하는 시험을 시작하였다(Ib Larsen, 1993).

7.2 디스포저와 음식물쓰레기 처리

7.1에서는 음식물쓰레기를 포함한 다양한 유기성폐기물들의 자원화 방법에 대해 현재 활용되는 기술들을 중심으로 살펴보았다. 이들은 추구하는 제품이나 사용하는 기계장치는 다르지만 자원화라는 공동의 목적으로 설치·운영된다는 공통점을 가지고 있다.

디스포저는 음식물쓰레기를 생활하수와 동일한 경로를 따라 운반하고 생활하수를 처리하는 동일한 시설에서 처리하는 것을 목표로 하는 음식물쓰레기 처리장치의 일종이다. 결국 지금까지 설명한 음식물쓰레기 자원화기술들이 음식물쓰레기를 독자적으로 처리하거나 성질이 유사한 것들과 공동으로 처리하여 자원화물을 생산하는 방법들과는 그 목적에서 다소 차이가 있다. 물론 우리나라 60여 개소의 공공하수처리시설들은 처리과정에서 발생하는 잉여슬러지와 정화조에서 수거된 분뇨를 처리하기 위해 혐기성소화시설을 가동하고 있다. 디스포저를 통해 분쇄된 음식물쓰레기가 하수처리장으로 유입되면 혐기성소화시설을 가동하는 하수처리장에서는 더 많은 메탄가스 등을 회수할 가능성이 높다. 하수처리장에 도착한 음식물쓰레기 분쇄물이 1차 침전지에서 부유물질들과 함께 가라앉아 혐기성소화시설의 처리대상물이 늘어나고 용존성이나 미세한 음식물쓰레기 분쇄물은 잉여슬러지의 생산량을 늘려 혐기성소화시설의 메탄가스 회수량과 탈수된 소화슬러지의 퇴비화물이 증가할 수 있기 때문이다. 실제로 일본 홋카이도(北海道) 우타노보리쵸(歌能町)는 디스포저를 사용하는 경우 하수처리장에서의 메탄가스의 회수량이 증가하여 [그림 7-5]와 같이 음식물쓰레기를 별도로 수거하여 퇴비화 등을 시키는 경우보다 에너지소비가 감소할 가능성이 부분적으로 있다고 제시하고 있다.

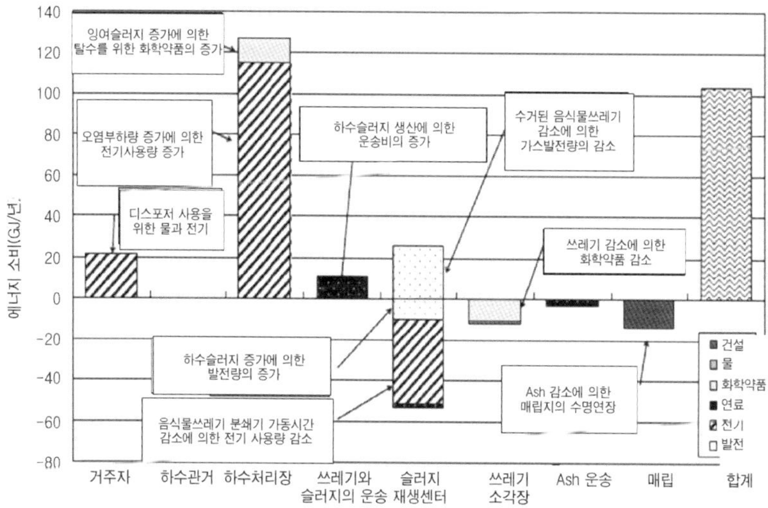

【그림 7-5】 일본 홋카이도 우타노보리쵸에서 제시하는 디스포저 사용 시의 음식물쓰레기 처리 에너지 소비량

비록 하수처리장에서 음식물쓰레기의 분쇄물이 메탄가스의 회수에 기여를 한다고 하여 음식물쓰레기를 적극적으로 자원화하여 퇴비, 사료, 바이오가스 등을 생산해야 한다고 믿는 사람들의 눈에 디스포저는 지극히 소극적인 자원화방법이거나 오히려 자원화를 방해하는 방법으로 보일 가능성이 높다. 실제로 디스포저에 의한 음식물쓰레기 분쇄물은 하수관거를 이동하면서 침전이나 자연분해될 가능성이 높고 하수처리장에 도달한 경우에도 미생물에 의해 섭취되기 때문에 자원화되는 양은 퇴비화, 사료화 등에 의해 자원화되는 양보다 절대적으로 적을 수밖에 없다.

그렇다고 현재 활용되는 처리방법들이 환경에 이로운 역할만 하는 것은 아니다. 대규모 시설로 음식물쓰레기를 운반하기 위해서는 화석

연료를 사용하는 차량이 필요하고 화석연료는 배기가스로 전환되고, 음식물쓰레기 처리시설에서도 에너지가 필요하고 공법에 따라 차이가 있을 뿐 다량의 폐수도 발생하기 때문이다.

【표 7-2】 음식물쓰레기 자원화방법별 자원소비량 및 폐수발생량

처리방법	전력사용량 (kWh/톤)	경유사용량 (L/톤)	폐수발생량 (㎥/톤)
호기성퇴비화	17.6	2.6	0.07
혐기성퇴비화	32.3	7.2	-
건식사료화	31.9	32.4	0.4
습식발효사료화	14.2	10.8	0.06
습식파쇄사료화	3.8	4.9	0.06
하수병합처리	22.2	-	-

출처 : 유기영(2001)

결국 환경적으로 더 좋거나 더 바람직한 방법은 있으되 절대적으로 좋은 방법이란 있을 수 없고 절대적으로 나쁜 방법도 없다고 보아야 한다. 이러한 이유에서 환경성 평가, 경제성 평가 등 다양한 기법들이 개발되고 동원되어 서로를 동일한 조건에서 견주어보려는 시도들이 지속되고 있다.

7.3 환경성에서 본 디스포저

어느 산업분야, 어느 순환단계에서 지구환경 또는 국지적 환경에 영

향을 미치는 환경부하물질이 어떤 종류와 어느 정도의 양으로 배출되는 것으로 평가하는 기법 중 하나가 바로 전과정평가(Life Cycle Assessment, LCA)이다. 전과정평가라는 기법이 도입된 직접적 계기는 1960년대 말과 1970년 초반의 global 모델링 연구와 에너지 감사이다. 이 당시에 에너지 위기를 맞아 국제기구들은 다양한 형태의 인간 활동과 자원비용 및 환경적 연관성을 통합적으로 평가하였다(World Resource Foundation, www.gdrc.org/...). 이 개념이 Life Cycle Thinking 개념으로 발전하였으며, [그림 7-6]과 같이 현재 3가지의 방향 즉, 제품이나 서비스를 생산하고 공급할 때 지구환경에 이로운 체계를 거시적인 안목에서 고려하도록 하는 개념적 활동, 제품이나 서비스의 환경성을 정량적으로 평가하는 기법 개발 및 활용, 마지막으로 실제 제품에 환경성 정도를 부여하고 소비 촉진을 독려하는 실용적 활용으로 전개되고 있다(Berned Wagner, 2004.10).

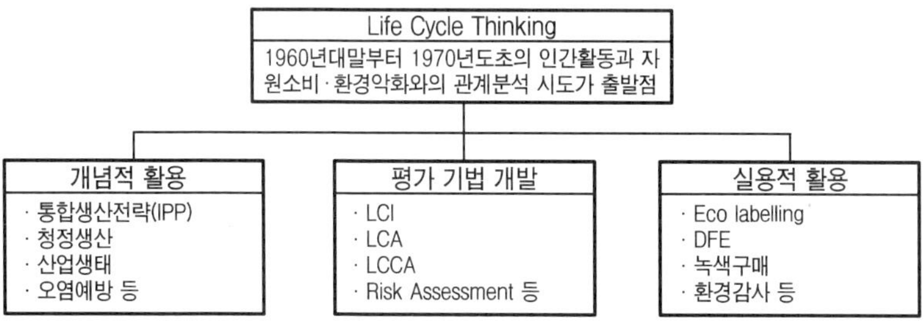

【그림 7-6】 Life Cycle Thinking과 전과정평가의 관계

전과정평가는 평가기법에 해당되며, 하나의 제품이나 서비스에 대해 소요되는 자원 및 에너지의 소비량, 생산・유통・폐기과정에서 발생하는 각종 환경부하물질의 배출량 등을 조사하고, 이를 통해 각 단계에서 환경부하를 줄일 수 있는 부분을 발굴하거나 제품, 소재, 서비스를 상호 비교해서 환경성의 우열을 가리게 한다. 제품의 환경성을 상대비교할 수 있는 국제적인 기준이나 공감대 형성에는 아직 이르지 못하고 있다. 그러나 제품이나 서비스의 생산, 공급, 활용, 폐기와 관련된 자원 및 에너지 소비 그리고 환경부하의 정량적 분석기법은 이미 많은 진전을 이루고 있으며, 이를 LCI(Life Cycle Inventory) 분석이라고 한다. 전과정을 통해 비용을 분석하는 것을 Life Cycle Cost Analysis(LCCA)라 하고, 독성평가는 Risk Assessment라고 한다. [표 7-3]은 전과정평가에서 다루는 환경영향의 범주를 보여주고 있다. 평가자에 따라 [표 7-3]보다 많은 영향을 설정할 수 있으며, 반대로 일부만 선택할 수도 있다.

우리나라와 같이 폐기물매립지에 음식물쓰레기의 매립을 금지하는 국가를 찾기는 어렵다. 그러나 외국에서도 음식물쓰레기를 어떤 방법으로 처리할까에 대해서는 많은 고민들이 있었고 전과정평가가 그 수단으로 이용된 사례도 매우 많다(Jusus Rodriguez-Idlessias, etc., 2003 ; Carol Diggelman·Robert K. Ham, 2003 ; U. Sonesson, etc., 2000 ; 田原聖隆 等, 2004 ; 平井康宏 等, 2001 ; R. Kijark and D. Moy, 2002).

【표 7-3】 전과정평가에서 환경영향의 분류(Classification)

구분	Global 영향	Regional 영향	Local 영향
대기계	지구온난화(CO_2, CFC) 오존층 파괴(CFC)	산성비(SOx, NOx)	대기오염(다수) 광화학 스모그(PAH, VOC)
수질계	해양오염(BOD, N, P) 유해물질 배출(Pb, Cd)	호수 부영양화(N, P) 하천오염(BOD, N, P)	지하수 오염
토양계	열대우림 감소(목재 사용)		토양오염 농약오염
기타	고갈 자원 소비(목재, 원유) 생태계 영향		인체 영향

Carol Diggelman · Robert K. Ham(2003)은 가정용 디스포저를 사용할 경우를 포함하여 다양한 처리방법에 대해 환경부하를 평가하고자 다음과 같은 목적, 시나리오, 분석항목 등의 조건에서 처리방법들의 환경성을 분석하였다. 처리방법(시나리오)으로는 음식물쓰레기를 모아서 퇴비화하는 경우, 소각(전기생산)하는 경우, 매립(매립가스 회수)하는 경우, 디스포저로 분쇄하여 개인하수처리시설(정화조)에서 처리하는 경우, 디스포저로 분쇄하여 하수처리시설(메탄회수)에서 처리하는 경우로 상정하였다. 결론적으로 모아서 퇴비화하는 것이 환경적으로 우수했다. 그러나 디스포저로 분쇄하고 메탄을 회수하는 하수처리시설에서 처리하는 것도 퇴비화보다 결코 뒤지지 않는다는 결과를 얻었다.

- 목적 : 음식물류폐기물을 처리함에 있어 세 가지의 폐기물처리방법과 두 가지의 하수처리방법을 활용하여 각 방법별로 자원, 에너지, 비용, 환경부하물질의 흐름을 평가함.
- 시나리오 : 1) 수거 + 퇴비화 2) 수거 + 소각(전기생산) 3) 수거 + 매립(메탄회수 및 전기생산) 4) 주방용 디스포저 + 소규모 현장 하수처리시설 5) 주방용 디스포저 + 도시하수종말처리시설
- 기능단위 : 100kg의 음식물류폐기물
- 시스템 경계 : 모든 관련시설의 설치, 운영, 해체
- LC 목록 : 소요부지, 자재, 에너지, 비용, 환경부하물질
  1) 건설단계 : 자재(골재, 콘크리트, 아스팔트, 구리, 유리, 페인트, 철재, 목재), 연료(천연가스, 석탄, 정제유, 우라늄 등), 환경부하물질(자재 및 연료에 기인하는 대기물질, 폐수물질, 폐기물 등)
  2) 운영단계 : 수거, 음식물류폐기물, 유지관리용 약품 등, 에너지, 부산물(슬러지, 퇴비, 오니 등), 잔재물의 처분(소각재, 슬러지 등)
  3) 해체단계 : 소재 및 에너지, 환경부하물질
- 시설수명 : 디스포저 12년, 부패조, 소각시설 각각 20년, 하수처리시설 30년, 수거체계, 퇴비화시설, 매립지 각각 15년
- 주요결과 : 디스포저가 가정에서 편리한 생활도구로 판매되고 있지만 정부차원에서는 이를 폐기물처리의 보조수단으로 인정하고 있지 않음. 디스포저에서 처리된 음식물류폐기물을 발생원의 소형부패조에서 처리하면 모든 면에서 분명히 불리함. 그러나 메탄회수기능을 갖춘 도시하수처리장에서 처리하면 디스포저의 사용은 비용, 환경부하 등의 측면에서 경쟁력이 있는 방법임.

서울특별시(2009)는 디스포저 도입타당성을 검토하면서 퇴비화, 소각, 디스포저, 감량기 등을 독자적 또는 조합하여 처리하는 음식물쓰레기 처리방법을 비교한 바 있다. 처리방법으로는 1) 모든 음식물쓰레기 수거 퇴비화, 2) 공동주택 음식물쓰레기 10%를 디스포저 분쇄 하수처리하고 나머지는 수거 퇴비화, 3) 공동주택 음식물쓰레기 전부를 디스포저 분쇄 개인하수처리하고 나머지는 수거 퇴비화, 4) 공동주택과 단독주택 음식물쓰레기 전부를 감량기 수거 퇴비화하고 나머지는 수거 퇴비화, 5) 공동주택과 단독주택 음식물쓰레기 전부를 감량기 수

거 소각(열회수)하고 나머지는 수거 퇴비화 등 5가지로 설정했고 서울에서 유일하게 공동하수처리를 실시하는 배수구역의 모든 음식물쓰레기 배출원을 대상으로 분석하였다. 그 결과 모아서 퇴비화하는 전통적 방법이 비용과 환경성에서 모두 유리했다. 그러니 공동주택 10% 정도의 음식물쓰레기를 디스포저로 분쇄해서 하수도로 유입시키고 나머지 모든 음식물쓰레기를 퇴비화하는 방법도 환경성에서는 전혀 뒤지지 않았다. 이는 공공하수처리시설이 수용할 수 있는 범위에서 사용하는 디스포저는 적어도 환경문제를 추가로 유발하지는 않는다는 것을 보여주는 결과라 할 수 있다[그림 7-7].

- 목적 : 음식물쓰레기를 퇴비화, 디스포저, 감량기(건조기 등), 소각 등의 방법으로 처리할 경우의 에너지소비 및 이산화탄소배출량 평가
- 시나리오 : 1) 모든 음식물쓰레기 수거 퇴비화, 2) 공동주택 음식물쓰레기 10%를 디스포저 분쇄 하수처리하고 나머지는 수거 퇴비화, 3) 공동주택 음식물쓰레기 전부를 디스포저 분쇄 개인하수처리하고 나머지는 수거 퇴비화, 4) 공동주택과 단독주택 음식물쓰레기 전부를 감량기 수거 퇴비화하고 나머지는 수거 퇴비화, 5) 공동주택과 단독주택 음식물쓰레기 전부를 감량기 수거 소각(열회수)하고 나머지는 수거 퇴비화
- 기능단위 : 서울 동북부지역에서 발생하는 1톤당 음식물쓰레기
- 시스템 경계 : 발생원처리, 수거, 처리(기기 제조 및 시설 건설은 제외)
- LC 목록 : 에너지 및 수자원, 이산화탄소 배출
  1) 수집단계 : 수집운반에 소요되는 연료소비, 이산화탄소 배출
  2) 디스포저(개인하수처리시설 포함) : 구매, 사용에 소요되는 상수, 전력
  3) 감량기 : 구매, 사용에 소요되는 상수, 전력
  4) 하수처리 : 포기, 슬러지처리 등에 소요되는 전력, 기타 에너지 등
  5) 소각 : 연소에 소요 또는 생산되는 전력, 에너지 등
- 주요결과 : 퇴비화가 환경적임. 가장 많은 환경부하는 감량기(건조기 등)를 사용하고 잔재물을 소각 또는 퇴비화하는 경우임. 공동주택 10% 정도에서 디스포저로 음식물쓰레기를 분쇄하고 하수처리장에서 처리하며 나머지를 퇴비화하는 경우도 환경적으로 퇴비화와 유사함.

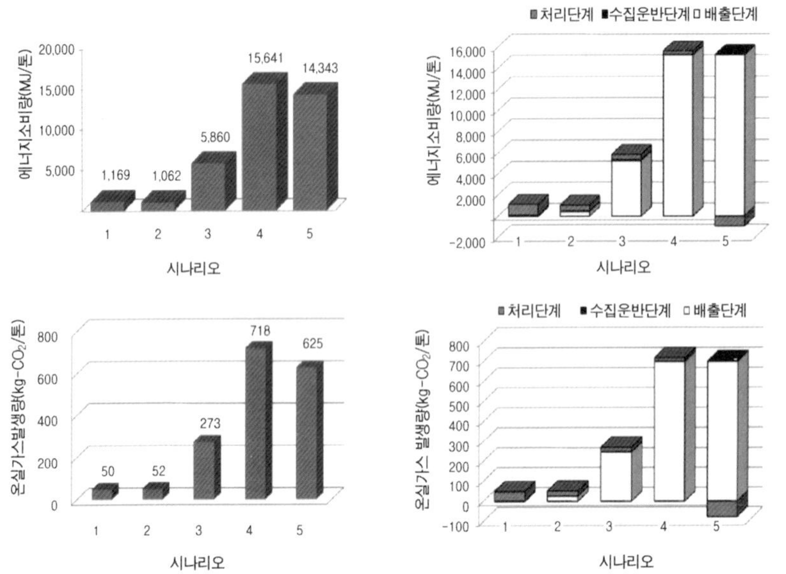

【그림 7-7】 음식물쓰레기 처리방법과 에너지소비량 및 온실가스발생량

최근에 Mi-Hyung Kim(2009. 8)은 여러 가지 음식물쓰레기 처리방법들을 지구온난화측면에서 바라보았다. Kim은 음식물쓰레기 처리방법을 1) 건조사료화, 2) 습식사료화, 3) 퇴비화, 4) 혐기성 소화, 5) 하수슬러지와 병합 혐기성소화, 6) 디스포저 분쇄 후 하수처리, 7) 감량기 건조 후 소각, 8) 직매립으로 설정하고, 1일 81톤의 음식물쓰레기를 수거하여 처리하는 서울시 JR구를 대상지역으로 하여 환경성(이산화탄소 배출)을 평가했다. 그 결과 1톤의 음식물쓰레기 처리에서 발생하는 이산화탄소의 양은 습식사료화 61kg, 디스포저 분쇄 후 하수

처리 121kg, 퇴비화 123kg, 건조사료화 200kg, 혐기성소화 211kg, 하수슬러지와 병합 혐기성소화 259kg, 매립 1,010kg, 소각 1,040kg으로 직투입이 가능한 지역에서의 디스포저 사용은 습식사료화 다음으로 낮은 환경부하를 보였다. 한편 Kim은 사료화, 퇴비화 등의 처리 후에 생산된 사료와 퇴비가 유효하게 사용되지 못하고 소각되거나 매립되어야 하는 경우의 환경부하도 분석하였다. 즉, 매립하는 경우의 이산화탄소 배출량을 보면 건조사료화 746kg, 습식사료화 790kg, 퇴비화 843kg 등으로 음식물쓰레기를 직접 소각하거나 매립할 때의 환경부하와 유사해지는 것으로 나타났다. 결국 사료화, 퇴비화 등의 방법은 수용할 수 있는 수준 이상으로 과량으로 자원화하는 경우 오히려 바이오가스나 디스포저보다 환경적으로 부담을 유발할 수 있음을 분석결과는 보여주고 있는 것이다.

지금까지 전과정평가의 사례를 활용하여 여러 가지 음식물쓰레기 처리방법의 환경성을 소개하였다. 전체적으로 전통적인 자원화방식인 대규모시설로 모아서 처리하는 퇴비화 등의 방법이 환경성에서 우수하다. 그러나 디스포저의 경우도 건조기 등 감량기를 사용하는 경우, 하수처리장이 수용할 수 있는 범위에서 분쇄물의 하수관거 직투입이 가능한 경우, 사료화나 퇴비화에 의해 생산된 제품의 수요처가 부족하여 생산 제품을 다시 소각하거나 매립해야 하는 경우 또는 그에 상응하는 음식물쓰레기에 대해서는 디스포저의 사용도 환경적으로 타당성과 합리성이 있음을 사례들을 통하여 확인할 수 있다.

7.4 폐기물처리 시스템에 미치는 영향

디스포저를 도입하는 경우 폐기물 성상 중 음식물쓰레기의 비율이 줄어 폐기물의 성상, 발열량 및 수분 함량 등에 변화가 나타난다. 이로 인해 폐기물수거체계, 중간처리, 최종처리 및 음식물쓰레기 자원화 등에 영향을 미치게 된다. [그림 7-8]은 디스포저를 도입하는 경우의 폐기물처리시스템에 미치는 영향판정 절차이고 [표 7-4]는 관련 평가지표의 예이다.

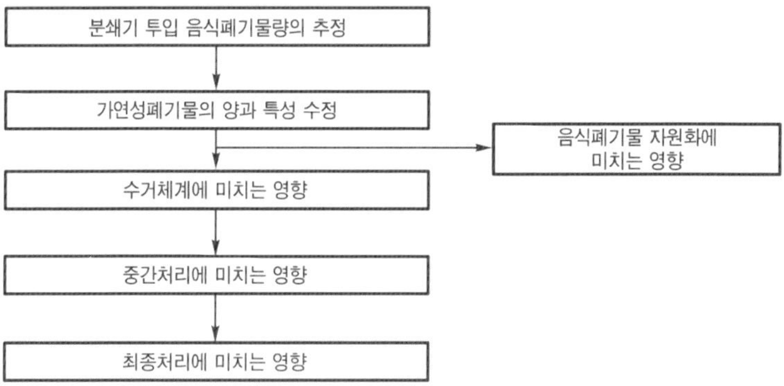

【그림 7-8】 디스포저를 도입하는 경우 폐기물처리 시스템에 미치는 영향 판정 절차

1) 가연성폐기물의 특성

디스포저의 도입은 음식물쓰레기의 일부를 하수도시스템에 유입시켜 생활폐기물의 성상에 많은 변화를 유도한다. 특히 물리적 조성, 3성분, 발열량, 화학적 조성 등이 변할 것으로 예상되고 생활폐기물 중 가

연성폐기물의 비율이 줄어들게 된다. 수분량 또한 줄어들고 이에 따라 저위발열량이 증가한다.

이들의 변화는 폐기물의 수거체계, 중간처리 및 최종처분시스템에 상당한 영향을 미칠 수 있으므로 정확한 특성 파악이 요구된다.

2) 수거 체계

음식물쓰레기 발생량 중 일부가 하수도시스템으로 유입되어 음식물쓰레기의 배출량이 감소하므로 음식물쓰레기 수거차량 대수를 새롭게 산정해야 한다.

차량 대수의 산정에 있어서 중량보다는 용적이 제한인자이므로 폐기물의 겉보기 밀도 측정은 중요한 설계 요소가 될 수 있다.

3) 중간 처리

디스포저 도입에 따라 중간처리시설로 유입되는 음식물쓰레기량이 줄어들고 가연성 폐기물량과 수분량의 감소를 유발한다. 이에 따라 저위발열량은 증가하지만 가연성폐기물량의 감소로 인해 총열량은 감소하므로 환경 부하나 처리 비용에 영향을 미칠 수 있다. 소각재나 비산재 등 소각잔사에 포함되어 있는 다이옥신이나 중금속 함유량에 대한 연구가 필요하지만 일본 전체 음식물쓰레기 발생량 중 소각비율이 4.7% 정도이므로 이에 따른 영향은 적을 것으로 판단된다.

4) 최종 처분

가연성폐기물량의 감소로 최종처분장까지의 운송량 저감, 매립지 잔여연수 연장, 침출수 발생량과 수질의 변화 및 매립가스발생량 변화 등을 예상할 수 있다. 그러나 2004년 일본 전체 음식물쓰레기 중 매립 비율은 14.0%에 불과하여 이에 따른 영향은 적을 것으로 판단된다.

7.5 시민생활에 미치는 영향 요인

디스포저 도입은 시민들에게 폐기물을 배출하는 수고를 경감시키고 이용편이성 향상 및 주방의 위생환경 개선 효과, 폐기물 집하장의 환경 개선효과 등을 제공하는 한편, 디스포저 사용에 따른 소음, 진동 발생, 배수설비의 막힘으로 인한 사용상의 문제를 야기할 수 있다. 음식물쓰레기의 보관·분리에 따른 편의성 증진은 디스포저 도입의 중요 덕목이다. 디스포저에 대한 시민들의 선호도 조사는 디스포저 보급률을 설정하기 위한 판단자료로 사용된다. 시민생활에 미치는 영향은 주택형태(단독, 공동), 연령, 가족구성, 생활형태(취사 빈도), 자연조건(폐기물 배출 장해 조건) 등의 특성에 따라 상이하기 때문에 대상지역의 시민들을 대상으로 의식조사를 선행한 후 시민생활에 미치는 영향에 대한 설문조사 등을 실시하여 파악할 수 있다([표 7-5] 참조).

【표 7-4】 디스포저 도입에 대한 환경성 및 경제성 평가 지표

대상 시스템	시설	주요영향	경제성	환경성	지역특성 (이용편리성)
하수도	배수설비	옥내배관 등의 청소횟수의 증가	-	-	
	관거	하수관거 청소횟수의 증가	-	-	
		관거 보수의 증가	-	-	
	펌프장시설	펌프장 청소횟수의 증가	-	-	
	합류식하수도	합류개선대책의 레벨 증가	-	-	
	수처리시설	공기탱크 송풍량의 증가	-	-	
		공기탱크의 증설	-	-	
		처리수질의 변화	-	-	
	슬러지 처리시설	슬러지농축조의 증설	-	-	
		혐기성소화조의 증설	-	-	
		소화가스발생량의 증가	+	+	
		가스탱크의 증설	-	-	
		탈수기운전시간의 증가	-	-	
		슬러지열량 증가에 따른 보조연료사용량 감소	+	+	
		슬러지처분량의 증가	-	-	
		슬러지유효이용량의 증가	+	+	
쓰레기 처리	수집,운반	쓰레기수집차 주행거리의 감소	+	+	
	중간처리	보조연료사용량의 감소	+	+	
		열회수량의 변화	±	±	
		소각온도의 상승에 따른 수명 단축	-	-	
		소각재 성분의 변화	±	±	
	최종처분	최종처분량의 잔여연수의 연장	+	+	
사용자		이용성의 향상	(+)		+
		수도 및 전력 사용	(-)	-	
		디스포저 구입비용	(-)		
		쓰레기집하장의 환경개선	(+)		+

주1) +는 장점, -는 단점

주2) 비용편익분석을 하는 경우, ( ) 안의 사용자에 대한 항목을 포함하고 행정비용을 평가할 때는 하수도 및 쓰레기 처리의 비용을 대상범위로 한다.

【표 7-5】 디스포저의 도입이 시민생활에 미치는 영향

항 목	내 용
이용편의성, 위생환경 개선	- 쓰레기를 버리는 수고의 경감 - 주방 위생환경의 개선(냄새나 파리 발생 저감)
쓰레기집하장 환경 개선	- 고양이 등에 의한 쓰레기 흩어짐 감소 - 악취, 침출수 발생 감소
사용상의 문제	- 소음, 진동의 발생 - 배수설비의 막힘, 고장 발생, 사용 시의 안전성 등
요금의 증감	- 전력 및 상하수도요금의 증가 - 쓰레기 배출 수수료 절감

제8장 디스포저와 경제

8. 디스포저와 경제

8.1 디스포저의 생산

세계시장의 대부분을 장악하고 있는 디스포저의 생산국은 미국이다. 디스포저는 그 구조가 간단하여 대부분의 속성이 이미 국제특허에 묶여 있기 때문에 새로운 기술을 개발할 여지가 거의 없고 개발하여도 경제성이 없다고 한다.

1990년대 이후 일본에서 독자적인 모델들이 개발되었으며, 주로 디스포저의 구조 변형, 소음 및 진동 저감, 안전장치 보완 등이 진전된 모습에 해당된다. 그렇지만 일본도 2000년대 중반부터 디스포저 제작을 포기하는 업체들이 생겨났다. 한정된 국내시장 속에서 여러 업체가 경쟁해서는 수익을 확보하기 어렵고, 대단위 생산시스템 및 판매망을 갖추고 있는 미국의 제품과 경쟁하기에는 가격차이를 극복하기 어렵기 때문이다. 미국제품의 경우 저렴한 것은 20만 원 이내에서 구입이 가능하지만 일본제품은 적어도 40만 원에 이르는 등 그 차이가 분명하게 드러난다. 또한 기술적으로도 70년 동안 가깝게 디스포저를 생산한 미국과 1990년대 이후부터 생산에 착수한 여러 국가의 수준은 현격한 차이를 보여 일본 내에서도 미국제품을 사용해본 소비자들은 미국제품의 진가를 충분히 체감한다고 한다.

우리나라에서도 사용 가능한 220V의 전압에 맞도록 제작된 제품들의 판매가격은 미국제품의 경우 대당 50만 원 수준으로 알려지고 있다. 이러한 전압조건을 가진 대표적인 국가는 영국으로, 미국에서도 영국에의 수출제품에 한해 220V의 전압에 맞는 디스포저를 생산하고 있다. 이들 제품은 안전성을 고려하여 전원차단장치를 부착하고 있는데 자연스럽게 미국에서 주로 이용되는 연속식 디스포저(디스포저를 작동하면서 음식물쓰레기 투입 가능)가 아닌 회분식 디스포저(안전장치로서 뚜껑을 닫아야 디스포저 작동)로 제작된다. 미국의 경우 아시아 시장의 공략을 위해 이미 일본시장을 겨냥한 일본형 모델을 생산 공급하고 있으며 중국에도 제작공장이 진출한 상태라고 한다.

일본은 110V의 전압을 사용하는 국가이다. 따라서 일본에서 생산된 디스포저도 110V 전압 전용이고 220V의 전압을 사용하는 우리나라에 수입하기 위해서는 주문제작이 필요하다. 일본 제품의 특징은 저소음, 저진동, 자동급수 또는 안전장치 등으로 표현할 수 있다. 특히 충분한 양의 급수는 옥내배관에서 분쇄된 음식물쓰레기의 원활한 유하나 유출 여부를 보장하기 때문에 중요하다. 그러나 이러한 기능들의 부가는 제품의 가격으로 이어져 이상의 능력을 모두 갖춘 제품의 경우 1대당 100만 원을 넘어서기도 한다. 일본 디스포저 업계도 부품은 중국에 의존하여 생산하고 조립은 자국 내에서 담당하는 것으로 알려져 있다.

우리나라에도 디스포저와 유사한 제품들이 시중에 나돌고 있다. 디스포저와 다른 점은 디스포저에 미생물 분해촉진제를 첨가하는 장치가 부착되어 있다는 것이다. 제작자들은 분쇄된 음식물쓰레기에 주입하여 옥내배관 및 공공하수관거에서 유하하는 동안 생물학적으로 음식물쓰레기를 분해하기 때문에 생물학적 처리기라고 주장한다. 그 성능이야 어찌되었던 이 장치들은 중국에서 부품을 제작하고 국내에서 조립하여 판매를 하고 있다. 대당 가격은 약 30만 원 수준인 것 같다.

8.2 디스포저의 이용과 비용

1) 공공하수관거 직투입 방법

디스포저를 이용하여 음식물쓰레기를 분쇄 처리하는 경우 디스포저 오수를 공공하수관거에 투입하는 방법은 크게 분쇄오수를 직접 투입하는 방법과 분쇄오수를 배수전처리시설(또는 개인하수처리시설)에서 처리한 후 그 배출수를 공공하수관거에 배출하는 방법으로 구분된다. 하수관거에 직투입하는 방법은 [그림 8-1]과 같이 공공하수관거가 분류식이고 관거가 충분한 경사를 갖추어 분쇄 음식물쓰레기가 침전 분해를 일으킬 가능성이 없고 하수처리장이 음식물쓰레기 분쇄오수를 수용할 수 있을 때 적용된다.

분쇄오수를 배수전처리시설에서 처리한 후 배출수를 공공하수관거에 배출하는 방법은 공공하수관거가 합류식이거나 경사가 충분하지 못하거나 하수처리장이 음식물쓰레기 분쇄오수를 수용할 여유가 없을 때 적용된다. 이 방식은 일본의 대도시에서 적용하고 있으며 [그림 6-12]를 예로 든 바 있다.

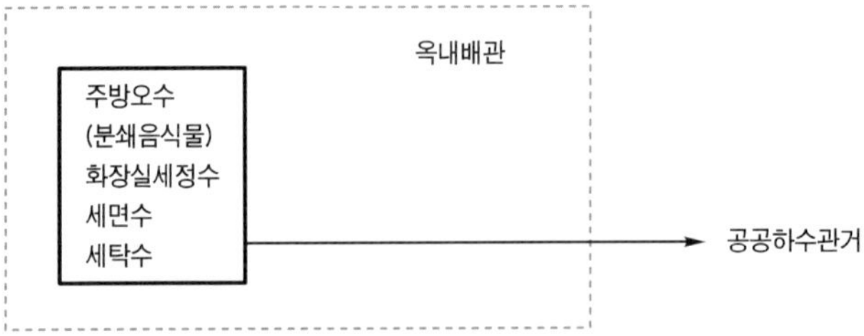

【그림 8-1】 분쇄 음식물쓰레기를 하수관거에 직투입하는 방법의 모식도

여기에서는 공공하수관거에 음식물쓰레기 분쇄오수를 직투입하는 경우의 관련비용을 소개한다. 서울시(2009)는 음식물쓰레기 디스포저 사용타당성을 검토하면서 디스포저를 사용하는 경우의 비용을 음식물쓰레기 1톤을 기준으로 산출하였다. 비용이 소요되는 부분은 분쇄오수의 배출단계와 분쇄오수의 처리단계로 구분하였다. 배출단계는 다시 디스포저 감가상각비, 전력비, 상수비용으로 세분된다. 산정 결과, 디스포저 감가상각비는 내구연수 10년을 기준으로 음식물쓰레기 1톤당 229,276원, 전력비는 가구당 월 2.5kWh를 소비하여 1톤당 5,195원, 상수비는 가구당 월 456L의 수돗물을 사용하여 1톤당 5,486원으로, 배출단계 전체 음식물쓰레기 1톤당 237,957원이 소요된다. 하수처리단계는 하수슬러지의 탈수케이크 처분비용과 전력비로 세분된다. 탈수케이크 처분비용은 1일 60톤의 탈수케이크가 추가로 발생하고 이에 따른 처리비용이 8억 7,600만 원이 추가로 소요되어 음식물쓰레기 1톤당 13,873원이 소요된다. 유기물의 부하가 증가하고 이에 따라 생물반응조의 공기공급량이 증

가하며 공기공급은 전력을 동력으로 하는데, 3,900만 원 정도가 추가되어 음식물쓰레기 1톤당 전력비는 616원이다. 결국 하수처리단계에서 소요비용은 음식물쓰레기 1톤당 14,489원이고, 분쇄 음식물쓰레기를 하수관거에 직투입하는 디스포저시스템의 음식물쓰레기 1톤당 처리비용은 253,447원이다([표 8-1] 참조)

【표 8-1】 분쇄 음식물쓰레기를 하수관거에 직투입하는 디스포저시스템의 처리비용

구분	항목	비용(원/톤)	비고
배출단계	디스포저 감가상각	229,276	• 1대당 구입비 : 약 73만원 • 내구연수 : 10년 • 가구당 쓰레기 : 0.32톤/연
	전력비	5,195	• 1회 전력소비 : 27.5Wh • 1일 운전 : 3회 • 월 소비전력 : 2.5kWh/가구
	상수비	5,486	• 1회 상수량 : 5L • 월 상수량 : 456L/가구
	소계	238,958	
하수처리단계	탈수케이크 처분비	13,873	• 탈수케이크 : 1일 60톤 증가
	포기용 전력비	616	• 전력 : 1일 75kWh 증가
	소계	14,489	
계		253,447	

출처 : 서울특별시(2009)

2) 배수전처리시설 이용 방법

배수전처리시설을 이용하는 방법은 분쇄오수의 배출단계, 분쇄오수의 배수전처리단계, 하수처리단계로 구분된다.

분쇄오수 배출단계는 배수전처리시설 이용 방법에서와 동일한 과정을 거쳐 음식물쓰레기가 분쇄되므로 소요되는 감가상각비, 전력비, 상수비가 동일하다. 따라서 음식물쓰레기 1톤당 238,958원이 소요된다. 분쇄오수의 배수전처리단계는 배수전처리시설의 설치와 운영으로 구분되는데, 배수전처리시설의 설치는 감가상각비로 표현이 가능하다. 400인 가구를 대상으로 할 때 2억 6백만 원의 설치비가 예상되며 시설수명 10년에서 음식물쓰레기 1톤당 비용은 약 16만 원이다. 운영과정에서는 전력비, 약품비, 인건비 등이 소요되는데, 1톤당 비용은 80,045원으로 산정된다. 배수전처리시설을 거친 분쇄오수는 소량의 유기물만을 포함하고 있어서 하수처리장에 도달할 경우 오염부하가 매우 낮다. 따라서 공공하수관거 직투입 방법일 때 1톤당 1만 4천 원 수준이던 하수처리비용은 배수전처리시설을 이용하는 방법에서는 1/10 수준인 1톤당 1,400원 수준으로 감소한다. 비록 하수처리단계의 비용은 감소하지만 배수전처리단계의 비용이 커서 하수관거 직투입 방법에서 음식물쓰레기 1톤당 처리비용 253,447원이 배수전처리시설 이용 방법에서는 1톤당 484,286원으로 약 2배 증가하게 된다([표 8-2] 참조).

이상의 결과는 공공하수도가 잘 갖추어진 경우에는 디스포저를 이용하여 음식물쓰레기를 처리하는 경우 상대적으로 저렴한 비용으로 처리가 가능함을 보여준다.

【표 8-2】 분쇄 음식물쓰레기를 배수전처리하는 디스포저시스템의 처리비용

구분	항목	비용(원/톤)	비고
배출단계	디스포저 감가상각	229,276	• 1대당 구입비 : 약 73만원 • 내구연수 : 10년 • 가구당 쓰레기 : 0.32톤/연
	전력비	5,195	• 1회 전력소비 : 27.5Wh • 1일 운전 : 3회 • 월 소비전력 : 2.5kWh/가구
	상수비	5,486	• 1회 상수량 : 5L • 월 상수량 : 456L/가구
	소계	238,958	디스포저+전력비+상수비
배수전처리 단계	시설 감가상각	161,189	• 시설규모 : 400가구 • 음식물쓰레기량 : 10.65톤/월 • 시설설치비 : 206,000,000원
	전력비 등	83,045	• 전력소비량 : 352.4kWh/일 • 전력단가 : 55원/kWh • 유시비용 : 300,000원/월
	소계	244,234	시설비+전력비등
하수처리단계	탈수케이크 처분비	1,394	• 탈수케이크 : 1일 6톤 증가
	포기용 전력비	60	• 전력 : 1일 7kWh 증가
	소계	1,454	탈수케이크+전력비
계		484,286	배출+배수전처리+하수처리

출처 : 서울특별시(2009)

8.3 음식물쓰레기 처리방법으로서 디스포저 시스템의 비용

서울시(2009)는 디스포저를 여러 가지 처리방법 중 하나의 방법으로 두고 조합시스템을 구축할 경우의 소요비용을 여러 가지 시나리오

를 바탕으로 분석하였다. 시나리오로 1) 모든 음식물쓰레기 수거 퇴비화, 2) 공동주택 음식물쓰레기 10%를 디스포저 분쇄 하수처리하고 나머지는 수거 퇴비화, 3) 공동주택 음식물쓰레기 전부를 디스포저 분쇄 개인하수처리하고 나머지는 수거 퇴비화, 4) 공동주택과 단독주택 음식물쓰레기 전부를 감량기 수거 퇴비화하고 나머지는 수거 퇴비화, 5) 공동주택과 단독주택 음식물쓰레기 전부를 감량기 수거 소각(열회수)하고 나머지는 수거 퇴비화하는 등 5가지를 설정했다. 서울에서 유일하게 고도하수처리를 실시하는 배수구역의 모든 음식물쓰레기 배출원이 분석대상이 되었다. 분석결과는 퇴비화 같은 대규모 시설로 모아서 처리하는 현재의 방법이 가장 저렴함을 보였다. 디스포저를 사용하고 분쇄오수를 하수처리장에서 처리하는 방법, 공동주택과 단독주택 음식물쓰레기 전부를 감량기로 처리하고 잔매물을 수거 퇴비화하고 음식업소는 수거하여 퇴비화하는 방법, 공동주택과 단독주택 음식물쓰레기 전부를 감량기로 처리하여 잔재물을 수거 소각(열회수)하고 나머지는 수거 퇴비화하는 방법이 동일한 수준에서 다음으로 저렴했다. 여러 가지 방법 중 공동주택 음식물쓰레기 전부를 디스포저로 분쇄하여 개인하수처리하고 나머지 음식물쓰레기는 수거 퇴비화하는 방법이 가장 많은 비용을 요구했다([그림 8-2]).

그렇지만 주민들의 가사노동비용과 대비한 각 시나리오별 소요비용은 큰 차이를 드러냈다. 먼저 서울시는 주민들이 음식물쓰레기 취급에 소요되는 노동의 가치를 시민들로부터 설문조사를 통해 파악하였는데,

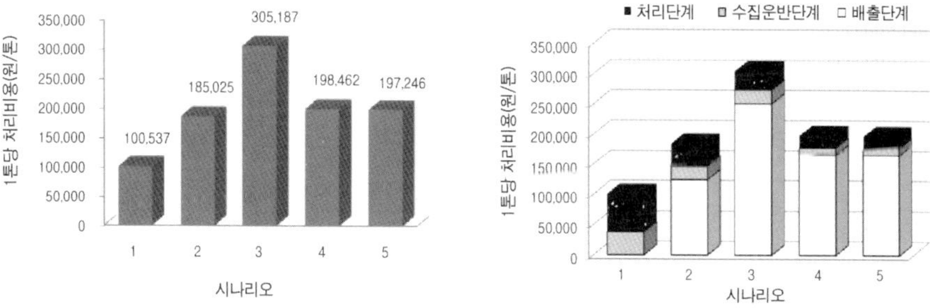

1) 모든 음식물쓰레기 수거 퇴비화
2) 공동주택 음식물쓰레기 10%를 디스포저 분쇄 하수처리하고 나머지는 수거 퇴비화
3) 공동주택 음식물쓰레기 전부를 디스포저 분쇄 개인하수처리하고 나머지는 수거 퇴비화
4) 공동주택과 단독주택 음식물쓰레기 전부를 감량기 수거 퇴비화하고 나머지는 수거 퇴비화
5) 공동주택과 단독주택 음식물쓰레기 전부를 감량기 수거 소각(열회수)하고 나머지는 수거 퇴비화

【그림 8-2】 음식물쓰레기 처리 시나리오별 소요비용

월 74,948원으로 나타났다. 이 결과와 가구당 월 26.25kg의 음식물쓰레기 양(1인당 1일 0.25kg, 가구당 3.5인 거주)을 이용하면 1톤의 음식물쓰레기를 보관하고 배출하는 데에 소요되는 노동가치가 2,855,162원으로 산출되었다. 이 결과를 이용하여 시나리오별 가사노동비용을 산출하면 퇴비화 방법(시나리오 1) 약 230만원, 디스포저오수 직투입(시나리오 2), 디스포저오수 배수전처리(시나리오 3), 감량기 소각(시나리오 5) 각각 약 82만원, 감량기 퇴비화(시나리오 4) 약 120만원(감량물을 다시 분리해 배출하므로 1톤당 가사비용의 50%를 적용)이었다. [그림 8-3]에는 시나리오별 소요비용과 가사노동비용을 상호비교하였다. 그림은 시민들이 음식물쓰레기의 취급에 큰 불편을 느끼고 있기 때문에 감량기, 디스포저 등이 전통적인 자원화 방법보다 많은 비용을 요구하더라도 그러

한 장치들을 사용할 가능성이 매우 크다는 사실을 보여주고 있으며, 실제로 이미 그러한 현상이 나타나고 있다. 한편 디스포저, 감량기 등을 사용하게 되면 음식물쓰레기의 수거과정에서 발생하는 악취, 소음, 해충 번식, 처리시설의 환경오염 유발 등과 같은 여러 문제에 대응하기 위한 행정비용 등은 방지할 수 있는 이점도 있다. 그러나 이러한 비용의 정량적인 산출은 결코 쉽지 않다.

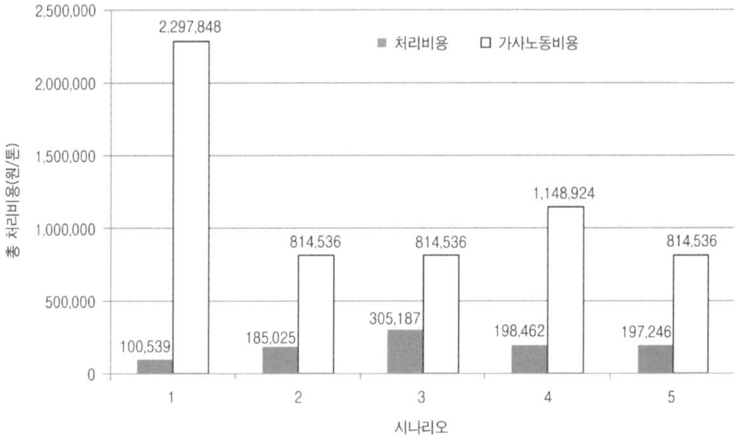

【그림 8-3】 음식물쓰레기 처리 방법별 총 처리비용 및 가사노동비용

한편 Mi-Hyung Kim(2009. 8)은 여러 가지 음식물쓰레기 처리방법들을 지구온난화 측면에서 바라보았다. Kim은 음식물쓰레기 처리방법을 1) 건조사료화, 2) 습식사료화, 3) 퇴비화, 4) 혐기성 소화, 5) 하수슬러지와 병합 혐기성소화, 6) 디스포저 분쇄 후 소화, 7) 감량기 건조 후 소각, 8) 직매립으로 설정하고, 1일 81톤의 음식물쓰레기를 수거하여 처리

하는 서울시 JR구를 대상지역으로 하여 소요비용을 평가했다. 비용은 생산된 제품의 판매나 생산된 제품에 의한 기존 제품의 회피비용도 반영하였다. 분석결과 1) 건조사료화는 음식물쓰레기 1톤당 182,900원, 2) 습식사료화는 167,100원, 3) 퇴비화 182,000원, 4) 혐기성 소화 169,900원, 5) 하수슬러지와 병합 혐기성소화 106,300원, 6) 디스포저 분쇄 후 소화 5,245,900원, 7) 감량기 건조 후 소각 301,800원, 8) 직매립 105,200원 등소각방법이 가장 많은 비용을 요구하고 디스포저 사용 후 분쇄오수를 하수처리장에서 처리하는 방법이 다음으로 많은 비용을 차지하였다. 그러나 퇴비화, 사료화 등 자원화방법과 디스포저를 사용하는 방법은 그다지 큰 비용차이를 보이지 않았다.

전통적인 처리방법인 대규모 시설에서의 퇴비화, 사료화 등과 비교할 때 디스포저는 음식물쓰레기 처리방법으로서 더 많은 비용을 요구하는 방법이 분명하다. 그러나 그러한 방법들은 옥내에 음식물쓰레기를 보관하다가 일정한 주기로 외부로 반출하는 과정을 거쳐야 하기에 음식물쓰레기를 취급하는 배출자들의 심적 · 육체적 불편이 매우 큼을 설문조사에서 확인할 수 있고 가사노동으로 환산하는 경우 전통적인 방법들과는 매우 큰 격차를 보였다. 결국 그러한 불편을 줄이는 수단으로 디스포저나 기타 옥내에서 사용하는 장치들을 선택할 수 있는 여건이 주어진다면 많은 국민들이 선택할 가능성이 높다는 것을 보여주고 있으며, 반대로 기존과 같은 배출방법을 그대로 유지하고자 한다면 국민들의 철저한 환경의식과 희생정신이 필요함을 분석결과는 보여준다.

제9장

오수처리시스템의 정화기능 및 미소동물의 기능평가

9. 오수처리시스템의 정화기능 및 미소동물의 기능평가

9.1 제해시설타입 및 일체형 시설타입

음식물쓰레기를 분쇄하는 디스포저를 활용한 오수처리시스템은 공공하수도 및 디스포저분쇄물의 유입을 전제로 하지 않는 분산형 처리프로세스로의 유입부하량을 증가시키지 않는 제해시설로 규정된 디스포저오수처리시스템(이하 제해시설타입이라고 함)과 생활하수 및 디스포저로 분쇄한 음식물쓰레기를 함께 처리할 수 있는 디스포저 대응정화조(이하 일체형 시설타입이라고 함)가 바로 그것이다.

두 시스템의 오수처리프로세스는 [그림 9-1]과 같다. 전자인 제해시설타입의 유입원수는 음식물쓰레기를 분쇄한 디스포저오수와 주방오수이며, 후자인 일체형 시설타입은 디스포저오수와 생활하수로 이루어져 있다. 이 시스템의 유입부하량은 [표 9-1]과 같다. 제해시설타입에서는 원수의 BOD 농도가 1,300mg/L, 유입수량은 35L/명·일로서 농도가 높고 수량이 적다. 일체형 시설타입에서는 원수의 BOD 농도가 330mg/L이고 유입수량이 205L/명·일로 일반적인 생활하수를 대상으로 하는 합병처리 정화조의 1.7배 부하량을 나타내는 것이 특징이다.

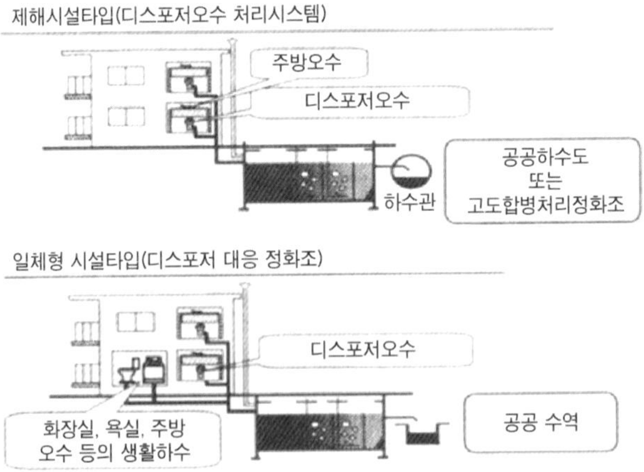

【그림 9-1】 재해시설타입 및 일체형 시설타입의 유입플로

【표 9-1】 제해시설타입 및 일체형 시설타입의 유입농도

처리방식	디스포저오수 (mg/L)	주방오수 또는 생활하수(mg/L)	유입수량 (L/명 · d)	유입원수농도 (mg/L)
제해 시설타입	BOD 5,500 SS 7,000 n-Hex 700	(주방오수) BOD 600 SS 400 n-Hex 70	35	BOD 1,300 SS 1,340 n-Hex 160
일체형 시설타입	BOD 5,500 SS 7,000 n-Hex 700	(생활하수) BOD 200 SS 160 n-Hex 10	205	BOD 330 SS 330 n-Hex 27

이러한 처리시스템은 주로 생물막법이 적용되고 있다. 처리성능을 살펴보면 BOD 300mg/L 미만, SS 300mg/L 미만, n-Hex. 추출물질

(이하 n-Hex.라고 함) 30mg/L 이하의 방류기준치를 만족하는 것으로 일체형 시설타입에서는 정화조 성능에 따라 처리농도가 다른데 대부분 BOD 10~20mg/L, T-N 10~20mg/L 정도이다. 이러한 시스템과 종래의 생활하수 처리시스템과의 큰 차이는 분뇨·생활하수 이외에 디스포저로 분쇄한 음식물쓰레기(이하 디스포저 분쇄물이라고 함)가 유입됨에 따라 BOD/N 및 BOD/P비가 높아진다는 사실이다.

그러나 지금까지는 디스포저오수가 유입되는 시스템의 처리특성과 생물처리 반응조 내의 미소동물상과의 관계해석이 이루어지지 않았으나 처리수의 투명화, 슬러지 감량화의 관계를 규명하였다.

9.2 제해시설타입의 흐름과 시험방법

제해시설타입의 시험조 처리방식(5인용)은 [그림 9-2]와 같다. 유입원수는 주방오수 및 디스포저 분쇄물이며, 유사주방오수로는 규정농도가 되도록 조제한 콩가루물, 음식물쓰레기는 달걀껍질, 바나나껍질 등으로 이루어진 표준 음식물쓰레기를 사용했다. 본 연구에서는 일본의 「하수도를 위한 디스포저오수처리시스템의 성능기준(안)」 규정에 따라 성능평가시험을 실시하였다. 표준음식물쓰레기는 1,250g/일을 25L의 수량으로 디스포저로 분쇄하여 1일 1회 유입시켰다. 또한 유사주방오수는 150L/일, 5회의 피크유입을 실시했다. 이번 시험에서는 13℃와 20℃로 수온을 제어했다.

【그림 9-2】 제해시설타입의 시험조 처리방식(5인용)

9.3 출현 미소동물상

처리방식이 다른 5가지 타입에 주목하여 100% 부하를 가했을 때 생물막에 출현하는 미소동물상과 처리기능을 해석하면 [표 9-2]와 같다. 이 경우 합계는 모든 생물상의 총수를 구해 생물막의 양에 따른 숫자이다. 처리타입 A, B, C, E에서는 미소동물의 총수가 매우 많은 것을 알 수 있다. 이는 디스포저분쇄물이 유입됨에 따라 BOD/N비가 높아지고 유기물 함량이 디스포저 활용에 의해 크게 증가했다는 사실과 관계가 있는 것으로 평가된다.

종래의 ① 활성슬러지성 생물은 부하가 적정한 상태일 때나 생물막 교환이 빠른 상태일 때에 출현하는 미소동물이고, ② 중간활성슬러지성 생물은 부하가 낮은 생태일 때 출현하는 미소동물, ③ 비활성슬러지성 생물은 부하가 높은 상태나 장해를 일으키는 후생동물이 이상 증식

한 상태 및 악취가 발생하는 상태에 출현하는 미소동물인 것으로 파악되었다. 즉, 제해시설타입 및 일체형 시설타입 모두 디스포저 분쇄물의 유입에 따라 BOD/N비 및 BOD/P비가 커져 질소 및 인의 생물섭취능이 커지는 것으로 확인되었다.

【표 9-2】 출현한 미소동물상

처리방식		A		B		C		D		E	
온도		20℃	13℃	20℃	13℃	20℃	13℃	20℃	13℃	20℃	13℃
섬모충류	Vorticella spp.	+	++	++	+	+	++			+	++
	Epistylis sp.	+++	r			+	++				
	Stylonychia sp.			++							
	Opercularia sp.			++	++			++	++		
	Aspidisca sp.	r							r		
	Paramecium sp.			+++						+++	+++
	Cyclidium sp.	r	r								
	Cinetichilum sp.					++	++				
	Colpidium sp.										+++
	Trachelophyllum spp.	r	r		++						
	Litonotus sp.		r								
	Podophrya sp.				r						
	Uronema sp.						r	r			
	unknown	r	r	+		r		r	r		++
합계		2,390	680	4,120	830	1,060	920	600	340	2,580	24,240
육질충류	*Mayorella* spp.	+	r								
	Arcella vulgaris	r									
	Cryptodifflugia oviformis	++	+								
	Trinema sp.	++	r			++		r			
	Tracheleuglypha dentata	+									
	unknown	++	r	++	+		r			+	+
합계		1,790	190	810	60	120	30	0	10	80	90
편모충류	*Peranema* spp.		+++	++	+	r	r			+++	r
	Petalomonas spp.	r									
	Trepomonas sp.									++	
	Monas sp.	++	r		r						
	Pleuromonas jaculans			r							
	unknown	r	r			r		r	r		
합계		230	5,150	150	100	60	20	40	20	8,340	50

【표 9-2】 출현한 미소동물상(계속)

처리방식		A		B		C		D		E	
윤충류	*Colurella* sp.	r									
	Lepadella sp.	+	r								
	Monostyla sp.	r									
	Rotaria spp.	+++	++			++	++	r		+	
	unknown		r								
합계		1,620	510	0	0	290	260	30	0	100	0
빈모충류	*Aeolosoma hemprichi*	+				r					
비단동물류	*Macrobiotus* sp.							r			
선충류	Nematoda		r			r	r			+	++
총계(개체수/mg)		6,100	6,540	5,080	990	1,570	1,250	680	370	11,190	24,520

r : 약간 출현, + : 보통으로 출현, ++ : 다량으로 출현, +++ : 매우 다량으로 출현

【표 9-3】 활성 및 비활성 슬러지성 생물의 분류

<table>
<tr><td rowspan="4">활성슬러지성 생물
(부착성 · 포복성)</td><td>섬모충류</td><td>Vorticella sp., Euplotes sp., Aspidisca sp., Coleps sp.</td></tr>
<tr><td>육질충류</td><td>Arcella sp., Euglypha sp.</td></tr>
<tr><td>편모충류</td><td>Entosiphon sp., Peranema sp.</td></tr>
<tr><td colspan="2">윤충류, 복모충류, 빈모충류, 비단벌레류</td></tr>
<tr><td rowspan="2">비활성슬러지성 생물
(유영성)</td><td>섬모충류</td><td>Paramecium sp., Colpidium sp., Metopus sp.</td></tr>
<tr><td>편모충류</td><td>Heteronema sp., Trigonomonas sp., Monas sp.</td></tr>
</table>

제10장 디스포저의 바른 활용법

10.1 자원화에 대한 배려

10.2 환경에 대한 배려

10.3 편익에 대한 책임

10.4 불법사용 근절

10.5 디스포저 및 정화처리시설의 개발

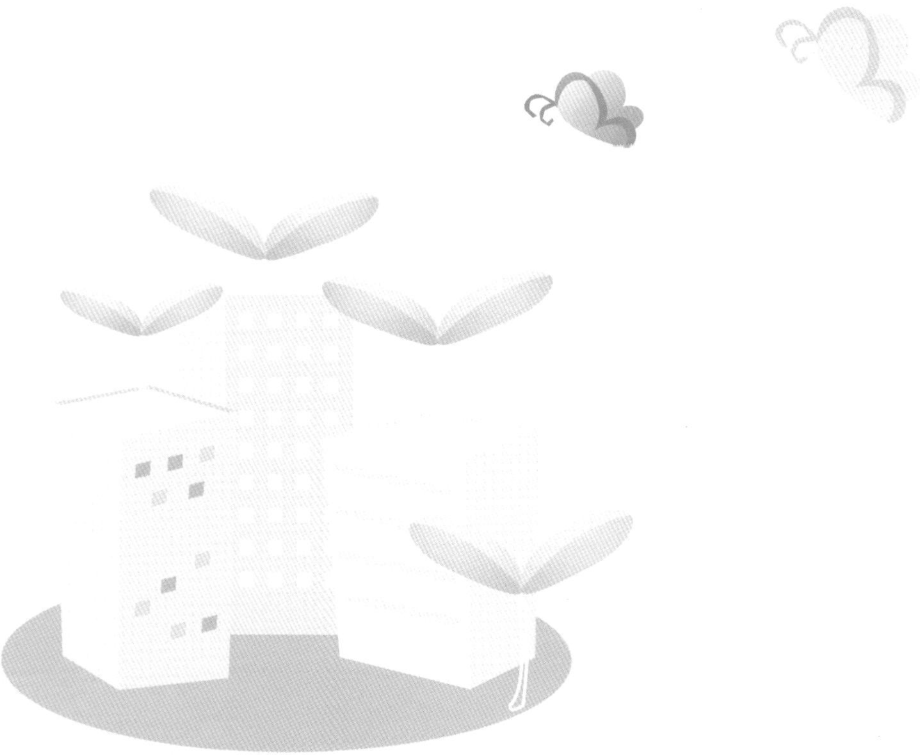

10. 디스포저의 바른 활용법

10.1 자원화에 대한 배려

우리나라는 2005년부터 모든 도시에서 발생하는 음식물쓰레기를 수거하여 처리하고 있다. 이를 지탱하는 처리기술은 주로 사료화, 퇴비화 등이며, 근래에는 바이오가스와 퇴비물질을 동시에 회수하는 혐기성소화공법들이 급속하게 보급되고 있다. 외국에서 유행하는 가축분뇨와 음식물쓰레기의 혼합처리도 농촌의 환경문제와 도시의 환경문제를 동시에 해결한다는 측면에서 보급될 것으로 전망된다. 이들의 공통적인 특징은 차량 등을 이용해 한 곳에 모아 처리한다는 것이며, 집중식 처리라는 별칭으로 불리기도 한다.

이러한 방법들과 비교할 때 디스포저는 분산식 처리 또는 발생원 처리로 볼 수 있다. 물론 하수처리장이라는 또 다른 형태의 집중식 처리시설을 이용하는 것은 분명하지만 적어도 기존에 음식물쓰레기를 처리하던 시설은 아니고 발생원에서 음식물쓰레기를 별도로 처리한 후에 보내기 때문에 이러한 분류도 무리는 아니다.

2005년부터 이미 모든 음식물쓰레기를 수거하여 처리하고 있다는 사실은 다른 한편으로는 그 양의 수거와 처리를 지탱하는 물적·인적 자원을 갖추고 있다는 의미이기도 하다. 따라서 기존 처리시스템의 시각에서 보면 디스포저라는 발생원 처리방법은 자원화의 원료이자 자신들의 사업대상물을 잠식하는 경쟁자로 비춰지기 쉽다.

실제로 기존의 처리방법들은 충분하게 그 가치를 존중받아야 한다. 7장과 8장에서 소개한 환경성과 소요비용의 평가결과도 기존 방법들의 가치를 뒷받침하고 있다. 굳이 기존 방법들의 문제점을 찾는다면 시민들에게 많은 희생을 요구하고 시민들 스스로가 희생의 정도를 매우 크게 인식하고 있다는 점이다. 그 불편에서 탈출하고자 감량기와 같이 많은 에너지를 소비하는 장치들을 스스로 선택하여 사용하고 있다는 점 또한 국가의 에너지 수급을 고민하고 지구온난화를 걱정하는 입장에서는 간과하기 곤란한 부분이다.

따라서 디스포저는 비록 그 자체가 편리한 기구라고 하더라도 시민의 기본생활을 보호하는 수준에서 제한적으로 허용될 필요가 있고, 당연히 그 사용은 주택에 한정되어야 한다. 음식업소, 집단급식소, 시장 등에서 발생하는 음식물쓰레기는 영리행위의 부산물이고 가정에서 배출되는 음식물쓰레기보다 질적으로 우수하며 다량배출로 수거도 용이하기 때문에 지금과 같이 자원화되어야 한다. 주택의 경우도 편리성만을 추구할 것이 아니고 기존과 같이 음식물쓰레기를 분리하여 배출하도록 스스로 노력해야 한다. 우리나라의 국민들은 이미 음식물쓰레기의 분리배출에 익숙해져 있다. 또 그 자체가 매우 가치있는 일이다. 지방정부도 이전과 같은 수거체계를 그대로 유지하고 꾸준히 음식물쓰레기를 수거할 것이다. 시민들이 기존의 방식대로 그대로 음식물쓰레기를 배출한다면 이미 구축된 수거체계나 처리시설이 방치되지도 않으며, 또한 관련업자들이 사업측면에서 타격을 받지도 않는다. 결국 칼자루는 시민에게 쥐어줄 수밖에 없다.

10.2 환경에 대한 배려

디스포저의 사용으로 초래될 수 있는 환경문제로서 디스포저의 본질적인 기능과 직결되는 공공수역의 수질오염을 우선적으로 들 수 있으며, 디스포저를 사용하는 과정에서 초래되는 소음진동, 악취 등도 간과할 수 없다.

이러한 문제들은 [그림 10-1]과 같이 하나의 원인이 아니고 복합적인 이유에 의해 발생할 수 있다. 공공수역의 오염을 예로 들면 합류식 지역에서 개인하수처리시설도 없이 디스포저를 사용하는 경우, 디스포저 분쇄오수를 정화하고자 개인하수처리시설을 할 때에도 성능이 부실하거나 부적절하게 운전이 이루어진 경우에는 높은 수질오염물질의 유입으로 하수처리장 방류수의 수질이 악화되거나 강우 시에 공공수역으로 처리 없이 월류될 수 있다. 이러한 현상을 디스포저 사용으로 인한 자연환경에 대한 부정적인 영향으로 본다면 디스포저 사용자 또는 인근 주민에 대한 영향도 있다. 바로 소음과 악취이다. 소음은 주로 디스포저 자체의 기계적 특성과 부실시공에 의해 초래되어 사용자는 물론이고 공동주택의 이웃주민에게 피해가 확산될 수 있다. 악취는 주로 분쇄오수의 음식물쓰레기가 옥내배관의 일부에 침전하거나 공공하수관거에 침전 분해됨으로써 발생할 수 있다.

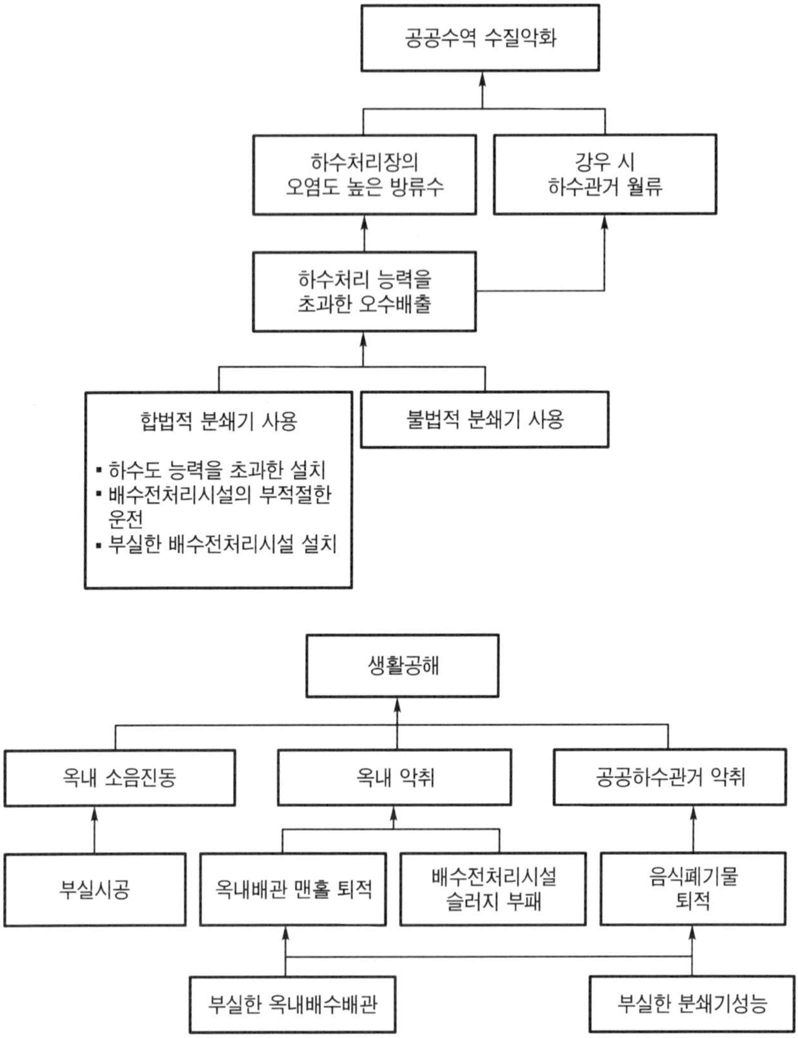

【그림 10-1】 디스포저 사용으로 인하여 초래될 수 있는 환경문제와 원인

이미 설명하였듯이 디스포저는 음식물쓰레기의 분리보관과 분리배출에 따른 불편을 해소할 수 있는 편리한 기구이지만 디스포저의 사용은 전통적인 자원화사업과 일정부분 경쟁이 불가피하다. 따라서 디스포저를 사용하고자 할 때는 적어도 예상되는 부정적 환경영향이 철저하게 예방되는 조건에서 사용되어야 하며 다음의 조건들이 그에 해당할 것이다. 하수관거와 하수처리장이 디스포저에 의해 생산된 분쇄오수를 수용할 수 있는 지역에만 사용되어야 한다. 하수도가 수용할 수 없는 지역에서 디스포저를 사용할 때는 적정 성능의 개인하수처리시설을 설치하고 바르게 운영하여야 한다. 디스포저 제작자는 소음과 진동이 적은 제품을 생산하고 진동이 발생하지 않도록 바르게 시공한다. 사용자는 늦은 밤의 사용 등 이웃에게 피해를 줄 수 있는 시간에 디스포저의 사용을 자제한다.

10.3 편익에 대한 책임

음식물쓰레기의 분리배출과 분리배출에 불편을 크게 느끼는 사람일수록 디스포저의 사용에 따른 편익이 클 수밖에 없다. 그렇지만 이미 언급하였듯이 일본의 사례와 서울시의 디스포저 도입 시범사업 등을 감안할 때 디스포저만 설치하는 경우 가구당 약 50만 원, 공동주택에 개인하수처리시설을 설치하는 경우 가구당 200만 원 등 적지 않는 비용이 소요되고 사용과정에서도 운영비가 소요된다는 점을 6장에서 다루었다. 결국 디스포저만 사용하고 싶어도 하수도가 수용할 수 없는 지역은 디스포저를 사용할 수 없어 이전과 같이 보관하고 분리배출하는 형태의 체계를 지속적으로 이용해야 하고, 금전적으로 넉넉하지 못한 사람은 디스포저의 구입·설치·운영비용 때문에 불편한 기존 체계에 의존할 수밖에 없다. 결국 분류식 하수관거지역이나 합류식 하수관거지역이냐에 따라 디스포저 사용비용이 차이가 나겠지만 금전적으로 여유가 있는 사람들이 디스포저를 선택할 가능성이 높고 그렇지 못한 사람들은 기존 방법에 의존할 수밖에 없다. 따라서 디스포저를 사용하는 사람이 그에 관한 모든 비용을 부담하는 것이 타당하며, 정부가 디스포저 설치비용을 지원하고자 할 경우에도 디스포저 시스템이 그 지역의 음식물쓰레기 처리체계로 보편적으로 보급되고 기존 수거체계를 대체할 수 있는 수준에 이르기 이전까지는 공공재원을 지원하는 것이 바람직하다고 보기 어렵다.

하수도의 이용 차이에 따른 편익에 대해서도 디스포저 사용자는 그에 상응하는 비용을 부담할 필요가 있다. 특히 하수도 여건이 양호하여 디스포저로 생산된 분쇄오수를 공공하수도에 직접 투입할 수 있는 지역이 그러하다. 편익의 차이는 두 가지 유형으로 발생한다. 먼저 하수도 여건이 양호한 지역의 거주자 중 디스포저를 사용하는 사람은 하수관거와 하수처리장을 본인의 하수나 분뇨 이외에 음식물쓰레기를 운반하고 처리하는 수단으로 사용하는 것과 비교하여 디스포저를 사용하지 않는 사람은 오직 자신의 하수나 분뇨만을 하수도를 이용하여 처리한다. 개인하수처리시설을 설치하고서 디스포저를 사용하는 사람과 비교하여도 직투입 가능한 지역의 사용자는 큰 편익을 얻는다. 개인하수처리시설에 투입해야 할 설치비와 운영비의 부담이 없기 때문이다. 결국 분쇄오수를 공공하수도에 직투입하는 디스포저 사용자는 기존의 하수도수수료 이외에 음식물쓰레기수수료를 별도로 부담함이 타당하다. 디스포저를 사용하는 가구에 대해 기존 하수도수수료 2,000엔 이외에 500엔의 수수료를 추가로 부과하고 있는 일본 홋카이도(北海道) 타키가와시(瀧川市)의 사례는 바로 이러한 편익의 차이를 수수료에 반영한 것이다(瀧川市建設部土木課, 2008).

10.4 불법사용 근절

디스포저의 사용으로 초래될 공공수역의 수질오염과 소음, 진동, 악취 등의 기타 환경영향을 차단하기 위해서는 합법적으로 인정된 방법이나 지역 이외에는 디스포저가 사용되어서는 아니 된다.

따라서 디스포저를 사용하기 위해서는 정부의 관리가 필요하며, 이를 위해 디스포저 사용허가제의 도입이 필요하다. 즉, 디스포저를 설치하고자 하는 자는 지정된 절차에 의해 관할 관청에 설치를 신청하고 허가 후에 설치와 사용이 이루어지는 체계이다. 미국에서 가장 늦게 디스포저의 사용을 허용한 뉴욕시 합류식 하수관거지역도 디스포저의 설치를 원하는 주택은 관할 관청으로부터 설치허가를 득하고 있다.

디스포저와 개인하수처리시설도 허가받은 사람이 설치해야 한다. 이는 적정한 성능의 제품과 시설의 설치를 보장하는 방안이며, 이들이 운전까지 담당한다면 더욱 좋다. 일본은 이러한 시스템으로 디스포저의 설치를 관리하고 있다.

이러한 시스템이 갖추어지면 디스포저 제조업자는 스스로 소비자에게 판매하고 설치할 수 없기 때문에 불법사용을 방지할 수 있다.

10.5 디스포저 및 정화처리시설의 개발

저렴하고 성능이 좋은 한국형 디스포저 개발이 필요하다. 이는 디스포저의 사용을 원하는 사람들의 실수요를 충족시키기 위한 중요한 요건이다([그림 10-2]). 동시에 디스포저 분쇄오수를 적절하게 처리할 수 있는 디스포저 전용 개인하수처리시설의 개발이 필요하다. 즉, [그림 10-3]과 같은 디스포저오수 대응형 정화조의 개발이 필요하다. 질소를 제거하기 위해 생물학적 질화탈질법을 도입하는 것이 중요하다. 생물여과조(호기처리)의 처리수를 혐기여상조(혐기처리)로 순환시켜 질소를 제거한다. 순환수량이 너무 많아지면 혐기여상조에 포착, 저류되어 있는 SS가 유출되거나 생물여과조의 여과성능 저하가 예상되므로 순환비(유입수량에 대한 순환수량의 비)를 3배로 하는 것이 좋다. 참고로 혐기여상조에서의 탈질반응은 유입되는 BOD와 질소의 비율(BOD/N)이 높을수록 효율적으로 진행시킬 수 있다. 디스포저오수가 유입되면 BOD/N비가 4에서 6으로 증가되므로 생활오수만을 유입하는 경우에 비해 질소는 더욱 효율적으로 제거할 수 있을 것으로 기대된다.

한편 상기와 같은 혐기·호기의 순환기능을 이용한 생물학적 탈질소, 탈인, 유기물 처리 등의 제거효율을 극대화하기 위해서는 유량조정조의 설치가 필수적이다. 왜냐하면 화장실용수의 급격한 유입에 따른 미생물 충격을 줄이기 위함이다. 유량조정기능을 부여하기 위해 유량조정비(유입수량에 대한 유량조정수량의 비)는 2.5배 이하로 설정하는 것이 좋다. 또한 생물여과조에 충전하는 담체는 비표면적이 500~600㎡/㎥로 높아 활성슬러지 농도를 약 7,000mg/L로 유지하기 위해 BOD 산화세균, 비증식 속도가 작은 질화세균, 섬모충류 등의 원생동물 윤충류, 수생 지렁이류 등의 미소 후생동물의 공정관리가 필요하다.

우리나라의 경우 법적으로 하수도정비형태 중 합류식관거인 경우 반드시 정화조를 설치하여야만 된다. 따라서 전국적으로 엄청난 수의 정화조가 지하에 묻혀 있다. 서울시의 경우 약 63만기의 정화조가 설치되어 있으며 그 중 오수정화시설(합병정화조)이 약 3,500기 묻혀 있다. 향후 하수관거 종합정비사업의 효과분석에 따라 그 시설들을 분뇨와 음식물쓰레기 디스포저오수처리시스템의 전환이 필요하다. 따라서 분뇨와 음식물쓰레기 분쇄오수를 동시에 처리하는 개인 하수처리시설을 개발한다면 사용자의 금전적인 부담을 줄이고 토지자원의 절약에도 기여할 것이다.

【그림 10-2】 일본에서 유통되는 디스포저의 예

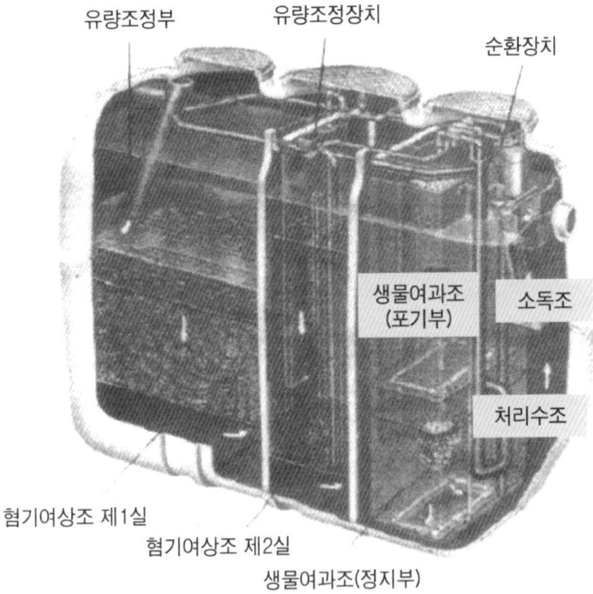

【그림 10-3】 디스포저오수 대응형 정화조의 개략도

【참고문헌】

[1] "WRAL.com Disposals to Grind on in Raleigh", WRAL.com (Capitol Broadcasting Company), 2008. 04. 15, Archived from the original on 2008. 12. 06, http://www.webcitation.org/5cs0WDi1q WRAL.com

[2] Berned Wagner, Application of Life Cycle Thinking to Decision Making by Governments, Enterprices and Consumers, Proceedings of The Sixth International Conference on EcoBalance Developing and Systematizing of EcoBalance Tools based on Life Cycle Thinking, pp. 357-360, 2004. 10

[3] Biocycle, "Biocycle Nationwide Survey", pp. 54-61, 1996. 4

[4] Carol Diggelman · Robert K. Ham, Household food waste to wastewater or to solid waste? That is the question, Waste Management & Research, Vol. 21, pp. 501-514, 2003

[5] DE WILDE, Bruno, "Overview of Composting Infrastructure Including Policies, Technology and Current Status", 국립환경연구원 및 한국유기성폐자원학회 주최 「음식물 및 유기성폐기물의 퇴비화처리기술 심포지엄 자료집」, pp. 59-68, 1997. 3

[6] Department of the Environment and Welsh Office, "Making Waste Work : A strategy for sustainable waste management in England and Wales", 1995. 12

[7] Derr, Donn A., and Dhillon, Pritam S., "THE ECOINOMICS OF RECYCLING FOOD RESIDUALS", BioCycle, pp. 55-56, 1997. 4

[8] EPA, Waste Characterization Report, Franklin Assoc., 1995

[9] Gies, Glenda, "THE STATE OF GARBAGE IN CANADA", Biocycle,

pp. 78-82, 1997. 3

[10] Glenn, Jim, "MARKETING FOOD RESIDUALS AS ANIMAL FEED", Biocycle, pp. 43-50, 1997. 4

[11] Guardian, Two Counties offer incentives to install food waste disposals, 2006. 8. 6

[12] Henderson, J. Paul, "Anaerobic Digestion in Rural China", Boicycle, p. 79, 1997. 1

[13] http://blog.naver.com/jby1003/2302606

[14] http://blog.naver.com/moonjinhee/40051776945

[15] Japanese Miinistry of Land, Infrastucture and Transport, Report on Social Experiment of Garbage Grinder Introduction, 2005. 3

[16] Jusus Rodriguez-Idlessias, etc., Life cycle analysis of municipal solid waste management possibilities in Asturies, Spain, Waste Management & Research, Vol. 21, pp. 535-548, 2003

[17] Larsen, Ib, "ORGANIC WASTES : A resource or an environbmental problem? A view at the European scene", Agency of Environmental Protection(City of Copenhagen), 1993

[18] Mi-Hyung Kim, Evaluation of Food Waste disposal Systems from the perspective of Global Warming, Graduate School of Seoul National University, 2009. 8

[19] R. Kijark and D. Moy, Application of an LCA-based tool for selection of waste management options for municipal councils, Proceeding of the fifth international conference on EcoBalance : practical tools and thoughtful principal for sustainability, Tsukuba(Japan), pp. 759-762, 2002

[20] Rogalski, W., and Charlton, J., "European Survey of Organic Waste Treatment", http://www. wrfound.org.uk/previous/WB47-organic.html.

[21] U. Sonesson, etc., Environmental and economic analysis of management systems for biodegradable waste, Waste Management & Research, Vol. 18, pp. 29 53, 2000

[22] Westendorf, Michael L., and Zirkle, Ernest W., "CLOSING THE LOOP WITH ANIMALS", BioCycle, pp. 51-54, 1997. 4

[23] World Resource Foundation, Life cycle analysis and assessment, http://www.gdrc.org/uem/lca/life-cycle.html

[24] www.insinkrator.com

[25] (財)日本建築センター, デイスポーザ-による生ごみの處理, 1999

[26] 久富欣哉, "アメリカのごみ,ユ-ロパのごみ-歐美のごみデ-タと處理システム",「月刊廢棄物」, pp. 6-12, 1995. 12

[27] 國土交通省都市·地域整備局下水道部, ディスポーザー(Disposer)普及時の影響判定の考え方, 2006

[28] 瀧川市建設部上木課, 瀧川市下水道條例の一部改正について, 2008

[29] 金子順也 ほか 6名 : SI住宅における横枝管排水性能に關する研究(その7 ディスポーザ-を用いた台所流し排水性能について), 空氣調和·衛生工學會學術講演會講演論文集, pp. 1121-1124, 2001. 9

[30] 都市基盤整備公団總合研究所 : KSI住宅對応排水設備の研究開發(その2)－緩勾配排水に關する設備開發について, 2001. 3

[31] 社團法人日本下水道協會, 下水道のためのデイスッポーザー排水處理システム性能基準(案), 2004

[32] 山海敏弘・北口かおり・豊貞佳奈子・小島邦晴・清水康利, ディスポーザ排水の配管内搬送性に對する影響因子の解析, 日本建築學會環

境系論文集, vol. 615, 2007. 5

[33] 小島邦晴, 高良佳充, 清水康利, 坂上恭助 : 破砕粒徑とディスポーザ運轉方法がディスポーザ排水の搬送性に及ぼす影響, 日本建築學會計畫系論文集, 第559号, pp. 51-55, 2002. 9

[34] 小島邦晴, 清水康利 他 : ディスポーザ排水中の卵殼の搬送特性と投入禁止によるユーザー便益への影響, 日本建築學會環境系論文集, No. 605, pp. 87-93, 2006. 7

[35] 小島邦晴・北口かおり・清水康利・豊貞佳奈子・河村憲彦・坂上恭助, ディスポーザシステム設置集合住宅の配管プランの層別とディスポーザ排水搬送特性, 日本建築學會 學術講演梗概集(環境系), 2004. 8

[36] 松下幸之助, 清水康利, 大塚雅之 : ディスポーザ排水の排水横枝管中の流れに關する研究—生ゴミ・配管條件・給水條件の影響の可視化検討, 空氣調和・衛生工學會學術講演會講演論文集, pp. 1749-1752, 2000. 9

[37] 日報編輯部, 有機性廢棄物處理とリサイクル-エコロジ-文明の地平, (株)日報, 1995. 6

[38] 田原聖隆等, 都市ごみ處理のおける生ごみ分別處理の効果, 廢棄物學會誌, Vol. 15, No. 4, pp. 276-282, 2004

[39] 佐藤信吾ほか 4名 : ディスポーザ排水の排水性, 空氣調和・衛生工學會九州支部研究報告, 第 3 号, pp. 35-38, 1996. 5

[40] 平井康宏等, 食品殘渣を對象とした循環・資源化處理方式のライフサイクルアセスメント, 廢棄物學會誌, Vol. 12, No. 5, pp. 219-228, 2001

[41] 惠比須, 全國自治体コンポスト事情-堆肥化事業徹底検證, 「月刊廢棄物」, 1997. 1

[42] 厚生省, 廢棄物關係統計綜合資料集, 都市と廢棄物, Vol. 26, No. 10, pp.80-99, 1996

[43] NPO法人ディスポーザー生ごみ處理システム協會, ディスポーザー排水處理システム配管設計施工ガイドライン(案), 2005

[44] 石垣力, 和田康里, ディスポーザー排水對応型淨化槽の開發, 用水と廢水, Vol. 48, No. 7, pp. 67-72, 2006

[45] 鈴木里惠 等, ディスポーザー活用排水處理システムの淨化機能と微小動物の質的量的特性, 用水と廢水, Vol. 48, No. 11, pp. 68-75, 2006

[46] 국립환경과학원・한국환경자원공사, 2007 전국폐기물 발생 및 처리현황, 2008

[47] 국민일보, 전업주부 가사노동가치 월 111만원, 2005. 12. 27일자

[48] 국회환경포럼 등, 음식물쓰레기 주방 디스포저 사용-이제는 거론해보자, 2003

[49] 사단법인대한설비공학회, 건설교통부 제정 건축기계설비공사표준시방서, 2005

[50] 서울시, 자치구 음식물쓰레기 처리를 위한 기술재정지원 방안연구, 2004. 12

[51] 서울시립대 음식물쓰레기처리기술센터, 서울시 음식물쓰레기 자원화시설의 운영실태 조사, 2002. 12

[52] 서울시립대학교 음식물쓰레기처리기술센터, 음식물쓰레기처리기술센터 2002년 연구사업 결과보고 및 국제학술세미나 자료집, 2002

[53] 서울특별시, 음식물쓰레기처리 개선방안 연구 ; 주방용오물디스포저 도입방안, 2009

[54] 유기영, 서울시 자치구의 남은음식물 처리기반 확보방안, 서울시정개발연구원, 2001

[55] 유기영, 바이오매스 자원순환을 위한 도농광역화처리 활성화 방안, 서울지역환경기술개발센터, 2008. 1

[56] 이무춘, 독일의 퇴비화기술, 첨단환경기술, pp. 54-63, 1996. 3

[57] 한국환경과학연구협의회, 주방 오물디스포저(디스포저)가 수질오염에 미치는 영향에 관한 연구, 1994

[58] 환경관리공단 관거정책지원팀, 국내 하수배제방식 현황 및 문제점 분석, 2006. 11

[59] 김갑수, 디스포저 시스템과 생활 및 환경 개선 효과, 음식물쓰레기 주방 디스포저 사용-이제는 거론해보자, 공동학술심포지엄, pp. 121-152, 2003

[60] 김갑수, 음식물쓰레기 관리현황과 디스포저 도입방안, 첨단환경기술, Vol. 14, No. 10, pp. 5-16, 2006

[61] 김갑수, 유기영, 주방용 오물디스포저의 서울시 도입여건 검토, 첨단환경기술, Vol. 16, No. 10, pp. 5-15, 2008

[62] 김갑수, 음식물쓰레기 디스포저 도입시 하수도시스템에 대한 기술·환경적 평가, 대한환경공학회지, Vol. 30, No. 5, pp. 471-481

음식물쓰레기와 디스포저

2010년 2월 5일 1판 1쇄 인 쇄
2010년 2월 10일 1판 1쇄 발 행

지은이 : 김 갑 수 · 유 기 영

펴낸이 : 박 정 태

펴낸곳 : **광 문 각**

413-756
경기도 파주시 교하읍 문발리 500-8 파주출판문화도시
광문각 빌딩 4층
등 록 : 1991. 5. 31 제12-484호
전화(代) : 031) 955-8787
팩 스 : 031) 955-3730
E-mail : kwangmk@unitel.co.kr
홈페이지 : www.kwangmoonkag.co.kr

• ISBN : 978-89-7093-555-3 93530

값 12,000원